计算机培训系列教材

U0148752

中文
Photoshop CS4
图像处理教程

蒋文静 编

- 一流专家及资深培训教师精心策划编写
- 全力打造国内精品教材畅销品牌
- 内容全面 范例精美 结构合理 图文并茂
- 讲练结合 可操作性强
- 面向实际操作 切合职业应用需求
- 帮助读者快速掌握实践技巧

西北工业大学出版社

【内容简介】本书为"职场直通车"计算机培训系列教材之一，主要内容包括 Photoshop CS4 快速入门、图像处理的基本操作、创建与编辑选区、绘制与编辑图像、图层的使用、通道与蒙版的使用、路径的使用、校正图像颜色、创建与编辑文本、滤镜的使用、自动化与网络以及综合实例应用。章后附有本章小结及过关练习，使读者在学习时更加得心应手，做到学以致用。

本书结构合理，内容系统全面，讲解由浅入深，实例丰富实用，既可作为大中专院校 Photoshop 课程教材，也可作为社会培训班实用技术的培训教材，同时也可供平面设计爱好者自学参考。

图书在版编目（CIP）数据

中文 Photoshop CS4 图像处理教程/蒋文静编．—西安：西北工业大学出版社，2010.11
"职场直通车"计算机培训系列教材
ISBN 978-7-5612-2948-4

Ⅰ．①中…　　Ⅱ．①蒋…　　Ⅲ．①图形软件，Photoshop CS4—技术培训—教材　　Ⅳ．①TP391.41

中国版本图书馆 CIP 数据核字（2010）第 230538 号

出版发行：西北工业大学出版社
通信地址：西安市友谊西路 127 号　　　邮编：710072
电　　话：（029）88493844　88491757
网　　址：www.nwpup.com
电子邮箱：computer@nwpup.com
印 刷 者：陕西向阳印务有限公司
开　　本：787 mm×1 092 mm　　1/16
印　　张：17
字　　数：451 千字
版　　次：2010 年 11 月第 1 版　　2010 年 11 月第 1 次印刷
定　　价：29.00 元

前　言

首先，感谢您在茫茫书海中翻阅此书！

对于任何知识的学习，最终都要达到学以致用的目的，尤其是对计算机相关知识的学习效果，更能在日常工作中得以体现。相信大多数读者常常会有这样的感觉，那就是某个软件的基础命令都会用，但就是难以解决工作中遇到的实际问题。有时，尽管有了很好的想法和创意，却不能用学过的软件知识得以顺利的实现。归根结底，就是理论与实践不能很好地结合。

现在，我们就立足于软件基础知识和实际应用推出了本书。全书内容安排系统全面，结构布局合理紧凑，真正做到难易结合，循序渐进，以便于读者理解和掌握。在图书的编排上以基础理论为指导，以职业应用为目标，将知识点融入每个实例中，力争使读者用较短的时间和较少的花费学到最多的知识，实现放下书本就能上岗。

本书内容

Photoshop CS4 是 Adobe 公司推出的专业的计算机图像处理软件，广泛应用于平面广告设计、海报设计、封面设计、包装设计制作等领域。它以简洁的界面语言、灵活变通的处理命令、得心应手的操作工具、随意的浮动面板、强大的图像处理功能，受到了用户的青睐，它可以满足用户在图像处理领域中的绝大多数要求，使用户制作出高品质的图像作品。

全书共分 12 章。其中前 11 章主要介绍 Photoshop CS4 的基础知识和基本操作，使读者初步掌握图像处理的相关知识。第 12 章列举了几个有代表性的综合实例，通过理论联系实际，希望读者能够举一反三，学以致用，进一步巩固所学的知识。

本书特点

★ **精选常用软件，重在易教易学**

本书选取市场上最普遍、最易掌握的应用软件的中文版本，突出"易教学、易操作"的特点。

★ **突出职业应用，快速培养人才**

本书以培养计算机技能型人才为目的，采用"基础知识+典型实例+综合实例"的编

写模式，内容系统全面，由浅入深，循序渐进，将知识点与实例紧密结合，便于读者学习掌握。

★ 精锐技巧点拨，实例经典实用

书中涵盖大量"注意""提示"和"技巧"点拨模块，并配有经典的综合实例，使读者对书中的知识点有更加深入的了解和掌握，全面提升操作能力，并最终将所学的知识应用到工作实践中。

★ 全新编写模式，以利教学培训

本书通过全新的模式进行讲解，注重实际操作能力的提高，将教学、训练、应用三者有机结合，增强读者的就业竞争力。

读者定位

本书针对各大中专院校师生和平面设计的初、中级读者编写，旨在让初学者快速入门，让中级水平的读者快速提高。针对明确的读者定位，书中的插图也做了详细、直观、清晰的标注，便于阅读，使读者学习更加轻松，切实掌握实用、常用的技能，最终放下书本就能上岗，真正具备就业本领。

本书力求严谨细致，但由于编者水平有限，书中难免出现疏漏与不妥之处，敬请广大读者批评指正。

编　者

目　录

第 1 章 | Photoshop CS4 快速入门

章前导航

　　本章主要介绍图像处理的相关概念、Photoshop CS4 的功能及工作界面等，使用户对 Photoshop CS4 有一个整体的印象，为以后的学习和具体应用奠定坚实的基础。

本章要点

➡ 图像处理的相关概念

➡ Photoshop CS4 功能简介

➡ Photoshop CS4 工作界面

1.1　图像处理的相关概念

Photoshop CS4 是对图像进行处理的软件，在开始学习本软件之前，首先须了解一下图像处理的相关概念。

1.1.1　位图和矢量图

一般静态数字图像可以分成位图图像和矢量图像两种类型，它们之间最大的区别就是位图放大到一定的程度后会变模糊（即有失真现象），而矢量图放大后不会变模糊。现在分别对位图和矢量图进行具体介绍。

1. 位图图像

位图图像也叫点阵图像，由单个像素点组成。所以图像像素点越多，分辨率就越高，图像也就越清晰。当放大位图时，可以看见构成图像的单个像素，从而出现锯齿使图像失真。因此位图图像与分辨率有密切的关系。如图 1.1.1 所示为位图图像放大前后的对比效果。

图 1.1.1　位图放大前后的对比效果

2. 矢量图像

矢量图像也叫向量图像，是由一系列的数学公式表达的线条构成的。矢量图像中的元素称为对象。每个对象都是自成一体的实体，它还有颜色、形状、轮廓、大小和屏幕位置等属性。对矢量图像进行放大后，图像的线条仍然非常光滑，图像整体上保持不变形。所以多次移动和改变它的属性，不会影响图像中的其他对象。矢量图像的显示与分辨率无关，它可以被任意放大或缩小而不会出现失真现象。如图 1.1.2 所示为矢量图像放大前后的对比效果。

图 1.1.2　矢量图放大前后的对比效果

另外，矢量图像无法通过扫描获得，它们主要是依靠设计软件生成的。矢量绘图程序定义（像数学计算）角度、圆弧、面积以及与纸张相对的空间方向，包含赋予填充和轮廓特征性的线框。常见的矢量图设计软件有 AutoCAD，CorelDRAW，Illustrator 和 FreeHand 等。

1.1.2　像素

像素是一个带有数据信息的正方形小方块。图像由许多的像素组成，每个像素都具有特定的位置和颜色值，因此可以很精确地记录下图像的色调，逼真地表现出自然的图像。像素是以行和列的方式排列的，如图 1.1.3 所示，将某区域放大后就会看到一个个的小方格，每个小方格里都存放着不同的颜色，也就是像素。

图 1.1.3　像素

一幅位图图像的每一个像素都含有一个明确的位置和色彩数值，从而也就决定了整体图像所显示出来的样子。一幅图像中包含的像素越多，所包含的信息也就越多，因此文件越大，图像的品质也会越好。

1.1.3　分辨率

分辨率是图像中一个非常重要的概念，一般分辨率有 3 种，分别为显示器分辨率、图像分辨率和专业印刷的分辨率。

1.　图像分辨率

图像分辨率是指位图图像在每英寸上所包含的像素数量。图像的分辨率与图像的精细度和图像文件的大小有关。如图 1.1.4 所示为不同分辨率的两幅相同的图，其中图 1.1.4（a）的分辨率为 100 ppi（点/in），图 1.1.4（b）的分辨率为 10 ppi，可以非常清楚地看到两种不同分辨率图像的区别。

（a）　　　　　　　　　　　　　　　　（b）

图 1.1.4　不同分辨率的图像

虽然提高图像的分辨率可以显著地提高图像的清晰度，但也会使图像文件的大小以几何级数增长，因为文件中要记录更多的像素信息。在实际应用中我们应合理地确定图像的分辨率，例如可以将需要打印图像的分辨率设置高一些（因为打印机有较高的打印分辨率）；用于网络上传输的图像，可以将其分辨率设置低一些（以确保传输速度）；用于在屏幕上显示的图像，可以将其分辨率设置低一些（因为显示器本身的分辨率不高）。

只有位图才可以设置其分辨率，而矢量图与分辨率无关，因为它并不是由像素组成的。

2．显示器分辨率

显示器屏幕是由一个个极小的荧光粉发光单元排列而成，每个单元可以独立地发出不同颜色、不同亮度的光，其作用类似于位图中的像素。一般在屏幕上所看到的各种文本和图像正是由这些像素组成的。由于显示器的尺寸不一，因此习惯于用显示器横向和纵向上的像素数量来表示所显示的分辨率。常用的显示器分辨率有 800×600 和 1 024×768，前者表示显示器在横向上分布 800 个像素，在纵向上分布 600 个像素，后者表示显示器在横向上分布 1 024 个像素，在纵向上分布 768 个像素。

3．专业印刷的分辨率

专业印刷的分辨率是以每英寸线数来确定的，决定分辨率的主要因素是每英寸内网点的数量，即挂网线数。挂网线数的单位是 Line/in（线/英寸），简称 LPI。例如，150 LPI 是指每英寸加有 150 条网线。给图像添加网线，挂网数目越多，网点就越密集，层次表现力就越丰富。

1.1.4　色彩模式

在计算机中，色彩模式可以通过不同的组合方式来表达，下面介绍一些常用的色彩模式。

1．灰度色彩模式

灰度色彩模式可以用 256 级的灰度来表示图像，与位图色彩模式相比，灰度色彩模式表现出来的图像层次效果更好。

在该模式中，图像中所有像素的亮度值变化范围都为 0～255。其灰度值也可以用图像中黑色油墨所占的百分比来表示（0 表示白色，100%表示黑色）。

2．索引色彩模式

索引色彩模式通常用于网页中图像或动画的色彩模式，该模式最多使用 256 种色彩来表示图像。

3．RGB 色彩模式

RGB 也称为光谱三原色，由红色（R）、绿色（G）、蓝色（B）3 种色彩组成。该模式又被称为加色模式，可以通过红、绿、蓝 3 种色彩的混合，生成所需要的各种颜色。

RGB 色彩模式使用 RGB 模型，它为图像中的每一个 RGB 分量分配一个 0～255 范围内的强度值。例如，纯蓝色的 R，G 值为 0，B 值为 255；黑色的 R，G，B 值都为 0；白色的 R，G，B 值都为 255；中性灰色的 3 个值相等（除了 0 和 255）。

4．CMYK 色彩模式

CMYK 色彩模式也称为减色模式，这种模式是印刷中常用的色彩模式。它是由青（C）、洋红（M）、黄（Y）、黑（K）4 种色彩按照不同的比例合成的。在该模式中，每一种颜色都被分配一个百分比值，百分比值越低，颜色越浅，百分比值越高，颜色就越深。

在 CMYK 模式中，当 CMYK 百分比值都为 0 时，会产生纯白色，而给任何一种颜色添加黑色，图像的色彩都会变暗。

5．BMP 黑白位图模式

黑白位图模式只用黑、白两种颜色来表示图像，这种色彩模式是最简单的。由于位图模式中只有黑白两种颜色，在进行图像模式的转换时，会损失大量的细节，因此它一般只用于文字的描述。

6．Lab 色彩模式

Lab 色彩模式是由 CIE 协会在 1976 年制定的衡量颜色的标准。Lab 颜色与机器设备无关，使用任何设备创建或输出图像，都能保持颜色的一致。

Lab 色彩模式是由亮度分量 L 和两个颜色分量 a，b 组合而成的，L 表示色彩的亮度值，它的取值范围为 0～100；a 表示由绿到红的颜色变化范围，b 表示由蓝到黄的颜色变化范围，它们的取值范围为-120～120。

Lab 色彩模式能表示的色彩范围最广，几乎能表示所有 RGB 和 CMYK 模式的颜色。

1.1.5　图像格式

根据记录图像信息的方式（位图或矢量图）和压缩图像数据的方式的不同，图像文件可以分为多种格式，每种格式的文件都有相应的扩展名。Photoshop 可以处理大多数格式的图像文件，但是不同格式的文件可以使用不同的功能。常见的图像文件格式有以下几种。

1．PSD 格式

Photoshop 软件默认的图像文件格式是 PSD 格式，它可以保存图像数据的每一个细小部分，如层、蒙版、通道等。尽管 Photoshop 在计算过程中应用了压缩技术，但是使用 PSD 格式存储的图像文件仍然很大。不过，因为 PSD 格式不会造成任何的数据损失，所以在编辑过程中，最好还是选择将图像存储为该文件格式，以便于修改。

2．JPEG 格式

JPEG 格式是一种图像文件压缩率很高的有损压缩文件格式。它的文件比较小，但用这种格式存储时会以失真最小的方式丢掉一些数据，而存储后的图像效果也没有原图像的效果好，因此印刷品很少用这种格式。

3．GIF 格式

GIF 格式是各种图形图像软件都能够处理的一种经过压缩的图像文件格式。正因为它是一种压缩的文件格式，所以在网络上传输时，比其他格式的图像文件快很多。但此格式最多只能支持 256 种色彩，因此不能存储真彩色的图像文件。

4．TIFF 格式

TIFF 格式是由 Aldus 为 Macintosh 开发的一种文件格式。目前，它是 Macintosh 和 PC 机上使用最广泛的位图文件格式。在 Photoshop 中 TIFF 格式能够支持 24 位通道，它是除 Photoshop 自身格式（即 PSD 与 PDD）外唯一能够存储多于 4 个通道的图像格式。

5. BMP 格式

BMP 格式是 Windows 中的标准图像文件格式，将图像进行压缩后不会丢失数据。但是，用此种压缩方式压缩文件，将需要很多的时间，而且一些兼容性不好的应用程序可能会打不开 BMP 格式的文件。此格式支持 RGB、索引颜色、灰度与位图颜色模式，而不支持 CMYK 模式的图像。

6. PSB 格式

大型文件格式（PSB）在任一维度上最多能支持高达 300 000 像素的文件，也能支持所有 Photoshop 的功能，例如图层、效果与滤镜。目前以 PSB 格式储存的文件，大多只能在 Photoshop CS 以上版本中开启，因为其他应用程序，以及较旧版本的 Photoshop，都无法开启以 PSB 格式储存的文档。

7. PDF/PDP 格式

PDF 全称 Portable Document Format，是一种电子文件格式。这种文件格式与操作系统平台无关，也就是说，PDF 文件不管是在 Windows，Unix 还是在苹果公司的 Mac OS 操作系统中都是通用的。这一特点使它成为在 Internet 上进行电子文档发行和数字化信息传播的理想文档格式。越来越多的电子图书、产品说明、公司文告、网络资料、电子邮件开始使用 PDF 格式文件。PDF 格式文件目前已成为数字化信息事实上的一个工业标准。

8. EPS 格式

EPS 格式可以同时包含矢量图形和位图图形，并且支持 Lab，CMYK，RGB，索引颜色，双色调，灰度和位图颜色模式，但不支持 Alpha 通道。

9. FXG 格式

FXG 是基于 MXML（由 FLEX 框架使用的基于 XML 的编程语言）子集的图形文件格式。可以在 Adobe Flex Builder 等应用程序中使用 FXG 格式的文件以开发丰富多采的 Internet 应用程序和体验。存储为 FXG 格式时，图像的总像素数必须少于 6 777 216，并且长度或宽度应限制在 8 192 像素范围内。

10. RAW 格式

RAW 中文解释是"原材料"或"未经处理的东西"。RAW 文件包含了原图片文件在传感器产生后，进入照相机图像处理器之前的一切照片信息。用户可以利用 PC 上的某些特定软件对 RAW 格式的图片进行处理。

11. PICT（*.PIC；*.PCT）格式

PICT 格式的文件扩展名是 *.PIC 或 *.PCT，该格式的特点是能够对大块相同颜色的图像进行非常有效的压缩。当要保存为 PICT 格式的图像时，会弹出一个对话框，从中可以选择 16 位或者 32 位的分辨率来保存图像。如果选择 32 位，则保存的图像文件中可以包含通道。PICT 格式支持 RGB，Indexed Color，位图模式，灰度模式，并且在 RGB 模式中还支持 Alpha 通道。

12. PXR 格式

PXR 格式是应用于 PIXAR 工作站上的一种文件格式，因此广大 PC 机的用户对 PXR 格式比较陌生。在 Photoshop 中把图像文件以 PXR 格式存储，就可以把图像文件传输到 PIXAR 工作站上，而在 Photoshop 中也可以打开一幅由该工作站制作的图像。

13. PNG 格式

PNG 格式是 Netscape 公司开发出来的格式，可以用于网络图像，它能够保存 24 位的真彩色，这不同于 GIF 格式的图像只能保存 256 色。另外，它还支持透明背景并具有消除锯齿边缘的功能，可以在不失真的情况下压缩保存图像。PNG 格式在 RGB 和灰度模式下支持 Alpha 通道，但在 Indexed Color 和位图模式下则不支持 Alpha 通道。

14. SCT 格式

Scitex 是一种 High-End 的图像处理及印刷系统，它所采用的 SCT 格式可用来记录 RGB 及灰度模式下的连续色调。Photoshop 中的 SCT（Scitex Continuous Tone）格式支持 CMYK，RGB 和灰度模式的文件，但是不支持 Alpha 通道。一个 CMYK 模式的图像保存为 SCT 格式时，其文件通常比较大。这些文件通常是由 Scitex 扫描仪输入图像，在 Photoshop 中处理图像后，再由 Scitex 专用的输出设备进行分色网板输出，得到高质量的输出图像。Photoshop 处理的对象是各种位图格式的图像文件，在 Photoshop 中保存的图像都是位图图像，但是，它能够与其他向量格式的软件交流图像文件，可以打开矢量图像。

15. TGA 格式

TGA 格式（Tagged Graphics）是由美国 Truevision 公司为其显示卡开发的一种图像文件格式，文件后缀为 ".tga"，已被国际上的图形、图像工业所接受。TGA 的结构比较简单，属于一种图形、图像数据的通用格式，在多媒体领域有很大影响，是计算机生成图像向电视转换的一种首选格式。TGA 图像格式最大的特点是可以做出不规则形状的图形、图像文件。一般图形、图像文件都为四边形，若需要有圆形、菱形甚至是镂空的图像文件时，TGA 可就发挥其作用了。TGA 格式支持压缩，使用不失真的压缩算法。在工业设计领域，使用三维软件制作出来的图像可以利用 TGA 格式的优势，在图像内部生成一个 Alpha 通道，这个功能方便了在平面软件中的工作。

1.2　Photoshop CS4 功能简介

Photoshop CS4 在 Photoshop CS3 的基础上有了诸多改进，包括对文件浏览器、色彩管理、消失点特性、图层面板的改进等，并增加了 3D 等功能，从而使 Photoshop 的功能又获得进一步的增强，这也是 Adobe 公司历史上最大规模的一次产品升级。

1.2.1　Photoshop 的基本功能

Photoshop 的功能十分强大。它可以支持多种图像格式，也可以对图像进行修复、调整以及绘制。综合使用 Photoshop 的各种图像处理技术，如各种工具、图层、通道、蒙版与滤镜等，可以制作出各种特殊的图像效果。

1. 选取功能

Photoshop 可以在图像内对某区域进行选择，并对所选区域进行移动、复制、删除、改变大小等操作。选择区域时，利用矩形选框工具或椭圆选框工具可以实现规则区域的选取；利用套索工具可以实现不规则区域的选取；利用魔棒工具或色彩范围命令则可以对相似或相同颜色的区域进行选取，并结合"Shift"键或"Alt"键，增加或减少某区域的选取。

2．图案生成器

图案生成器滤镜可以通过选取简单的图像区域来创建现实或抽象的图案。由于采用了随机模拟和复杂分析技术，因此可以得到无重复并且无缝拼接的图案，也可以调整图案的尺寸、拼接平滑度、偏移位置等。

3．丰富的图像格式

作为强大的图像处理软件，Photoshop 支持大量的图像格式与颜色模式的文件。这些图像格式包括 PSD，EPS，TIFF，JPEG，BMP，PCX 和 PDF 等 20 多种，利用 Photoshop 可以将某种图像格式另存为其他图像格式。

4．修饰图像功能

利用 Photoshop 提供的加深工具、减淡工具与海绵工具可以有选择地调整图像的颜色饱和度或曝光度；利用锐化工具、模糊工具与涂抹工具可以使图像产生特殊的效果；利用图章工具可以将图像中某区域的内容复制到其他位置；利用修复画笔工具可以轻松地消除图像中的划痕或蒙尘区域，并保留其纹理、阴影等效果。

5．多种颜色模式

Photoshop 支持多种图像的颜色模式，包括位图模式、灰度模式、双色调、RGB 模式、CMYK 模式、索引颜色模式、Lab 模式、多通道模式等，同时还可以灵活地进行各种模式之间的转换。

6．色调与色彩功能

在 Photoshop 中，利用色调与色彩功能可以很容易地调整图像的明亮度、饱和度、对比度和色相。

7．旋转与变形

利用 Photoshop 中的旋转与变形功能可以对选择区域中的图像、图层中的图像或路径对象进行旋转与翻转，也可对其进行缩放、倾斜、自由变形与拉伸等操作。

8．图层、通道与蒙版

利用 Photoshop 提供的图层、通道与蒙版功能可以使图像的处理更为方便。通过对图层进行编辑，如合并、复制、移动、合成和翻转，可以产生出许多特殊效果。利用通道可以更加方便地调整图像的颜色。而使用蒙版，则可以精确地创建选择区域，并进行存储或载入选区等操作。

9．滤镜功能

利用 Photoshop 提供的多种不同类型的内置滤镜，可以对图像制作各种特殊的效果，例如，打开一幅图像，为其应用水彩画笔滤镜。

1.2.2　Photoshop CS4 新增功能

Photoshop CS4 使用全新、顺畅的缩放和遥摄可以定位到图像的任何区域，借助全新的像素网格保持实现缩放到个别像素时的清晰度，并以最高的放大率实现轻松编辑，通过创新的旋转视图工具随意转动画布，按任意角度实现无扭曲查看。

1．调整面板

通过轻松使用所需的各个工具简化图像调整，实现无损调整并增强图像的颜色和色调，新的实时和动态调整面板中还包括图像控件和各种预设。

2．图像自动混合

将曝光度、颜色和焦点各不相同的图像（可以选择保留色调和颜色）合并为一个经过颜色校正的图像。

3．蒙版面板

从新的蒙版面板快速创建和编辑蒙版。该面板提供给用户需要的所有工具，它们可用于创建基于像素和矢量的可编辑蒙版、调整蒙版密度和轻松羽化、选择非相邻对象等。

4．改进的 Adobe Photoshop Lightroom 工作流程

在 Adobe Photoshop Lightroom 软件（单独出售）中选择多张照片，并在 Adobe Photoshop CS4 中自动打开它们，将它们合并到一个全景、高动态光照渲染（HDR）照片或多层 Photoshop 文档，并无缝往返回到 Lightroom。

5．内容感知型缩放

创新的全新内容感知型缩放功能可以在用户调整图像大小时自动重排图像，在图像调整为新的尺寸时智能保留重要区域。一步到位制作出完美图像，无须高强度裁剪与润饰。

6．更好的原始图像处理

使用行业领先的 Adobe Photoshop Camera Raw 5 插件，在处理原始图像时实现出色的转换质量。该插件现在提供本地化的校正、裁剪后晕影、TIFF 和 JPEG 处理，以及对 190 多种相机型号的支持。

7．更远的景深

使用增强的自动混合层命令，可以根据焦点不同的一系列照片轻松创建一个图像，该命令可以顺畅混合颜色和底纹，现在又延伸了景深，可自动校正晕影和镜头扭曲。

8．业界领先的颜色校正

体验大幅增强的颜色校正功能以及经过重新设计的减淡、加深和海绵工具，现在可以智能保留颜色和色调详细信息。

9．层自动对齐

使用增强的自动对齐层命令创建出精确的合成内容。移动、旋转或变形层，从而更精确地对齐它们。也可以使用球体对齐创建出令人惊叹的全景。

10．3D 描绘

借助全新的光线描摹渲染引擎，可直接在 3D 模型上绘图、用 2D 图像绕排 3D 形状、将渐变图转换为 3D 对象、为层和文本添加深度、实现打印质量的输出并导出为支持的常见 3D 格式。

11．使用 Adobe Bridge CS4 有效管理文件

以更快的启动速度快速访问 Adobe Bridge CS4，使用新工作区转到每个任务的正确屏幕，轻松创

建 Web 画廊和 PDF 联系表等。

12．更强大的打印选项

借助出众的色彩管理与先进打印机型号的紧密集成，以及预览溢色图像区域的能力实现卓越的打印效果。Mac OS 上的 16 位打印支持提高了颜色深度和清晰度。

13．photoshop CS4 将支持 GPU 加速

有了 GPU 加速支持，用 Photoshop CS4 打开一个 2 GB、4.42 亿像素的图像文件将非常简单，就像在 Intel Skulltrail 八核心系统上打开一个 500 万像素文件一样迅速，而对图片进行缩放、旋转也不会存在任何延迟；另外，还有一个 3D 加速 Photoshop 全景图演示，这项当今最耗时的工作再也不会让人头疼了。

1.3 Photoshop CS4 工作界面

进入 Photoshop CS4 以后，可以看到其工作界面和 Photoshop 以前的版本大同小异，如图 1.3.1 所示。Photoshop CS4 的工作界面包括标题栏、菜单栏、属性栏、工具箱、状态栏、工作区和各类浮动面板。下面进行详细介绍。

图 1.3.1　Photoshop CS4 工作界面

1.3.1 标题栏

标题栏位于窗口的最顶部，是所有 Windows 程序共有的，可以用来显示应用程序的名称，在有的软件中还可以显示当前操作的图像文件的名称。用鼠标单击标题栏左侧的 图标，即可弹出 Photoshop CS4 的窗口控制菜单，如图 1.3.2 所示。在标题栏的右侧有 3 个按钮 ，从左到右分别为最小化按钮、最大化按钮、关闭按钮，这与 Windows 的窗口一致，而且各按钮的作用也相同。

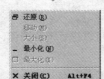

图 1.3.2　窗口控制菜单

1.3.2　菜单栏

菜单栏位于标题栏的下方，包括 11 个菜单选项，单击每个菜单选项都会弹出下拉菜单，在其中陈列着 Photoshop CS4 的大部分命令选项，通过这些菜单几乎可以实现 Photoshop 的全部功能。

在弹出的下拉菜单中，有些命令后面带有 ▶ 符号，表示选择该命令后会弹出相应的子菜单命令，供用户做更详细的选择；还有些命令后面带有 … 符号，表示选择该命令后会弹出一个与此命令相关的对话框，在此对话框中可设置各种所需的选项参数；另外，还有一些命令显示为灰色，表示该命令正处于不可选的状态，只有在满足一些条件之后才能使用。

1.3.3　属性栏

在工具箱中选择了某个工具后，使用前可以对该工具的属性进行设置。例如选择了渐变工具后，其属性栏显示如图 1.3.3 所示，用户可以在其中设置渐变的方式。每一个工具属性栏中的选项都是不定的，它会随用户所选工具的不同而变化。

图 1.3.3　"渐变工具"属性栏

注意：虽然属性栏中的选项是不定的，但其中的某些选项（如模式与不透明度等）对于许多工具都是通用的。

1.3.4　面板

面板是 Photoshop CS4 的一大特色，通过各种面板可以完成各种图像处理操作和工具参数设置，比如可以进行显示信息、编辑图层、选择颜色与样式等操作。默认情况下，面板以组的方式显示，如图 1.3.4 所示。

复选框：在同一选项区中可以同时选中多个，也可以一个不选。当复选框中出现"√"号时，表示复选框被选中；反之表示没选中，就不会起作用。

图 1.3.4　Photoshop CS4 的面板

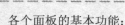

各个面板的基本功能：

图层 面板：用于控制图层的操作，可以进行混合图像、新建图层、合并图层以及应用图层样式等操作。

通道 面板：用于记录图像的颜色数据和保存蒙版内容。在通道中可以进行各种通道操作，如切换显示通道内容、载入选区、保存和编辑蒙版等。

路径 面板：用于建立矢量式的图像路径，并可转换路径为选区，也可对其进行描边等操作。

导航器 面板：用于显示图像的缩览图。可用来缩放显示比例，迅速移动图像显示内容。

直方图 面板：使用直方图可以查看整个图像或图像某个区域中的色调分布状况，主要用于统计色调分布的状况。

信息 面板：用于显示当前鼠标光标所在区域的颜色、位置、大小以及不透明度等信息。

颜色 面板：用于选择或设置颜色，以便使用工具绘图和填充等操作。

色板 面板：功能类似于 颜色 面板，用于选择颜色。

样式 面板：此面板中预设了一些图层样式效果，可随时将其应用于图像或文字中。

历史记录 面板：在此面板中自动记录了以前操作的过程，用于恢复图像或指定恢复某一步操作。

动作 面板：用于录制一连串的编辑操作，以实现操作自动化。

默认设置下，Photoshop CS4 中的面板按类分为 3～6 组，如果要同时使用同一组中的两个不同面板，需要来回切换，此时可将这两个面板分离，同时在屏幕上显示出来。其分离的方法很简单，只须在面板标签上按住鼠标左键并拖动，拖出面板后松开鼠标，就可以将两个面板分开。

1.3.5 对话框

Photoshop CS4 中的许多功能都需要通过对话框来操作，如色调和颜色调整与滤镜等许多操作都是在对话框中进行的。不同的命令打开的对话框是不一样的，因此，不同的对话框就会有不同的功能设置。只有将对话框的选项进行重新设置后，该命令功能才能起作用。虽然各个对话框功能设置不一样，但是组成对话框的各个部分却基本相似。

例如选择菜单栏中的 文件(F) → 色彩范围(C)... 命令，可弹出"色彩范围"对话框，如图 1.3.5 所示；选择菜单栏中的 滤镜(T) → 模糊 → 动感模糊... 命令，可弹出"动感模糊"对话框，如图 1.3.6 所示。从这两个对话框中可以看出，对话框一般由图中所示的几部分组成。

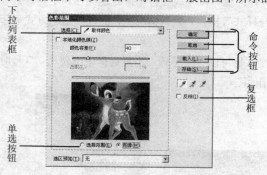

图 1.3.5 "色彩范围"对话框

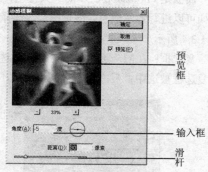

图 1.3.6 "动感模糊"对话框

单选按钮：在同一个选项区中只能选择其中一个，不能多选也不能一个不选，当单选按钮中出现小圆点时表示选中。

复选框：在同一选项区中可以同时选中多个，也可以一个不选。当复选框中出现"√"号时，表示复选框被选中；反之表示没选中，就不会起作用。

输入框：用于输入文字或一个指定范围的数值。

滑杆：用于调整参数的设置值，滑杆经常会带有一个输入框，配合滑杆使用。当使用鼠标拖动滑杆上的小三角滑块时，其对应的输入框中会显示出数值，也可以直接在输入框中输入数值进行精确的设置。

下拉列表框：单击下拉列表框可弹出一个下拉列表，从中可以选择需要的选项设置。

预览框：用于显示改变对话框设置后的效果。

命令按钮：几乎在所有的对话框中都可以看到 ⬚确定⬚ 与 ⬚取消⬚ 这两个按钮。这两个按钮在对话框中起着决定性的作用，单击 ⬚确定⬚ 按钮，表示确认对话框中的更改并关闭对话框，而单击 ⬚取消⬚ 按钮，则表示关闭对话框而不保存更改设置。

1.3.6　工具箱

在默认情况下，工具箱位于 Photoshop CS4 窗口的左侧，其中包括常用的各种工具按钮，使用这些工具按钮可以进行选择、绘画、编辑、移动等各种操作。

如果要对工具箱进行显示、隐藏、移动等操作，其具体的操作方法如下：

（1）选择菜单栏中的 ⬚窗口(W)⬚ → ⬚工具⬚ 命令，可显示或隐藏工具箱，显示状态下，此命令前有一个 "√" 符号。

（2）将鼠标移至工具箱的标题栏上（即顶端的蓝色部分），按住鼠标左键拖动可在窗口中移动工具箱。

如果要使用一般的工具按钮，可按以下任意一种方法来操作：

（1）单击所需的按钮，例如单击工具箱中的 "移动工具" 按钮 ⬚，即可移动当前图层中的图像。

（2）在键盘上按工具按钮对应的快捷键，可以对图像进行相应的操作，例如按 "V" 键即可切换为移动工具来选择图像。

在工具箱中有许多工具按钮的右下角都有一个小三角形，这个小三角表示这是一个按钮组，其中包含多个相似的工具按钮。如果用户要使用按钮组中的其他按钮，则可按以下几种操作方法来完成：

（1）将鼠标光标移至按钮上，按住鼠标左键不放即可出现工具列表，在列表中选择需要的工具。

（2）用鼠标右键单击按钮，系统会弹出工具列表，可在列表中选择需要的工具。

（3）按住 "Shift" 键不放，然后按按钮对应的快捷键，可在工具列表中的各个工具间切换。

例如，用鼠标右键单击工具箱中的 "矩形工具" 按钮 ⬚，可显示该工具列表，在列表中单击椭圆工具即可使用该工具，而在工具箱中原来显示的 ⬚ 按钮会自动切换为 ⬚ 按钮，如图 1.3.7 所示。

图 1.3.7　选择工具箱中的工具

1.3.7　工作区

在 Photoshop CS4 中工作区也称为图像窗口，是工作界面中打开的图像文件窗口，用于显示、浏览和编辑图像文件。图像窗口带有标题栏，分为两部分，左侧为文件名、缩放比例和色彩模式等信息；

右侧是 3 个按钮，其功能与工作界面中的标题栏右侧的 3 个按钮功能相同。当图像窗口为"最大化"状态时，将与 Photoshop CS4 工作界面共用标题栏。

1.3.8　状态栏

Photoshop CS4 中的状态栏和以前版本有所不同，它位于打开图像文件窗口的最底部，用来显示当前操作的状态信息，例如图像的当前放大倍数和文件大小，以及使用当前工具的简要说明等。

本 章 小 结

本章主要介绍了图像处理的相关概念、Photoshop CS4 功能以及工作界面等。通过本章的学习，读者应理解图像处理的基本概念，并为以后学习深层次的知识打好基础。

过 关 练 习

一、填空题

1．Photoshop 默认的图像存储格式是_____。
2．矢量图像也叫_____，是由_____组成的。
3．分辨率是指_____，其单位是_____。
4．Photoshop CS4 的操作界面是由_____、_____、_____、_____、_____、_____和_____组成的。

二、选择题

1．（　）格式是一种图像文件压缩率很高的有损压缩文件格式。
　　（A）PSD　　　　　　　　　　　（B）JPEG
　　（C）GIF　　　　　　　　　　　（D）TIFF
2．Photoshop CS4 中使用到的各种工具存放在（　）中。
　　（A）菜单　　　　　　　　　　　（B）工具箱
　　（C）属性栏　　　　　　　　　　（D）面板
3．若要隐藏或显示所有打开的面板和工具箱，可以通过按键盘上的（　）键来实现。
　　（A）End　　　　　　　　　　　（B）Esc
　　（C）Tab　　　　　　　　　　　（D）Caps Lock

三、简答题

1．Photoshop 中常用的色彩模式有哪几种？
2．简述 Photoshop CS4 的新增功能。

四、上机操作题

打开一幅图像文件，分别调整图像的分辨率，并对其进行比较。

第2章 图像处理的基本操作

章前导航

　　掌握中文 Photoshop CS4 的基本操作，对于熟练使用 Photoshop 进行平面作品创作很有必要，这些基本操作包括文件的基本操作、设置图像与画布大小、显示图像的基本操作以及辅助工具的使用等内容。学好这些基础知识，用户可以更加得心应手地使用 Photoshop CS4 绘制和处理图像。

本章要点

➡ 文件的基本操作

➡ 设置图像与画布大小

➡ 显示图像的基本操作

➡ 辅助工具的使用

➡ 图像颜色的设置

➡ 软件的优化设置

2.1 文件的基本操作

在 Photoshop CS4 中，支持多种图像文件格式的操作，也可以实现不同图像文件格式之间的相互转换。Photoshop 中文件的基本操作主要包括新建、打开、保存以及关闭图像等。

2.1.1 新建图像文件

新建图像文件就是创建一个新的空白的工作区域，具体的操作方法如下：

（1）选择菜单栏中的 文件(E) → 新建(N) 命令，或按"Ctrl+N"键，弹出 新建 对话框，如图 2.1.1 所示。

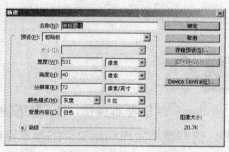

图 2.1.1 "新建"对话框

（2）在 新建 对话框中可对以下各项参数进行设置：

1）名称(N)：用于输入新文件的名称。Photoshop 默认的新建文件名为"未标题-1"，如连续新建多个，则文件按顺序默认为"未标题-2"、"未标题-3"，依此类推。

2）宽度(W) 与高度(H)：用于设置图像的宽度与高度，在其输入框中输入具体数值。但在设置前需要确定文件尺寸的单位，在其后面的下拉列表中选择需要的单位，有像素、英寸、厘米、毫米、点、派卡与列。

3）分辨率(R)：用于设置图像的分辨率，并可在其后面的下拉列表中选择分辨率的单位，分别是像素/英寸与像素/厘米，通常使用的单位为像素/英寸。

4）颜色模式(M)：用于设置图像的色彩模式，并可在其右侧的下拉列表中选择色彩模式的位数，有 1 位、8 位与 16 位。

5）背景内容(C)：该下拉列表框用于设置新图像的背景层颜色，其中有 3 种方式可供选择，即 白色、背景色 与 透明。如果选择 背景色 选项，则背景层的颜色与工具箱中的背景色颜色框中的颜色相同。

6）预设(P)：在此下拉列表中可以对选择的图像尺寸、分辨率等进行设置。

（3）设置好参数后，单击 确定 按钮，就可以新建一个空白图像文件，如图 2.1.2 所示。

2.1.2 打开图像文件

当需要对已有的图像进行编辑与修改时，必须先打开它。在 Photoshop CS4 中打开图像文件的具体操作方法如下：

（1）选择菜单栏中的 文件(E) → 打开(O) 命令，或按"Ctrl+O"键，可弹出 打开 对话框，如图 2.1.3 所示。

图 2.1.2 新建图像文件

图 2.1.3 "打开"对话框

（2）在 查找范围(I): 下拉列表中选择图像文件存放的位置，即所在的文件夹。

（3）在 文件类型(T): 下拉列表中选择要打开的图像文件格式，如果选择 所有格式 选项，则全部文件的格式都会显示在对话框中。

（4）在文件夹列表中选择要打开的图像文件后，在 打开 对话框的底部可以预览图像缩略图和文件的字节数，然后单击 打开(0) 按钮，即可打开图像。

在 Photoshop CS4 中也可以一次打开多个同一目录下的文件，其选择的方法主要有两种：

（1）单击需要打开的第一个文件，然后按住"Shift"键单击最后一个文件，可以同时选中这两个文件之间多个连续的文件。

（2）按住"Ctrl"键，依次单击要选择的文件，可选择多个不连续的文件。

在 Photoshop CS4 中还有其他较特殊的打开文件的方法：

（1）选择 文件(F) 菜单中的 最近打开文件(T) 命令，可在弹出的子菜单中选择最近打开过的图像文件。Photoshop CS4 会自动将最近打开过的若干文件名保存在 最近打开文件(T) 子菜单中，默认最多包含 10 个最近打开过的文件名。

（2）选择菜单栏中的 文件(F) → 打开为 命令，或按"Alt+Shift+Ctrl+O"键，可打开特定类型的文件。例如，要打开 PSD 格式的图像，则必须选择此格式的图像，如果选择其他格式，则打开 PSD 文件的同时会弹出如图 2.1.4 所示的错误提示框。

图 2.1.4 提示框

（3）选择菜单栏中的 文件(F) → 在 Bridge 中浏览(B)... 命令，或按"Ctrl+Shift+O"键，打开文件浏览器窗口，可直接在图像的缩略图上双击鼠标左键，即可打开图像文件，也可用鼠标直接将图像的缩略图拖曳到 Photoshop CS4 的工作界面中即可打开图像文件。

2.1.3 保存图像文件

当图像文件操作完成后，都要将其保存起来，以免发生各种意外情况导致操作被迫中断。保存文件的方法有多种，包括存储、存储为以及存储为 Web 所用格式等，这几种存储文件的方式各不相同。

要保存新的图像文件，可选择菜单栏中的 文件(F) → 存储(S) 命令，或按"Ctrl+S"键，将弹出 存储为 对话框，如图 2.1.5 所示。

图 2.1.5 "存储为"对话框

在 保存在(I)：下拉列表中可选择保存图像文件的路径，可以将文件保存在硬盘或网络驱动器上。

在 文件名(N)：下拉列表框中可输入需要保存的文件名称。

在 格式(F)：下拉列表中可以选择图像文件保存的格式。Photoshop CS4 默认的保存格式为 PSD 或 PDD，此格式可以保留图层，若以其他格式保存，则在保存时 Photoshop CS4 会自动合并图层。

设置好各项参数后，单击 保存(S) 按钮，即可按照所设置的路径及格式保存新的图像文件。

图像保存后又继续对图像文件进行各种编辑，选择菜单栏中的 文件(F) → 存储(S) 命令，或按 "Ctrl+S"键，将直接保留最终确认的结果，并覆盖原始图像文件。

图像保存后在继续对图像文件进行各种修改与编辑，若想重新存储为一个新的文件并想保留原图像，可选择菜单栏中的 文件(F) → 存储为(A)... 命令，或按"Shift+Ctrl+S"键，弹出 存储为 对话框，在其中设置各项参数，然后单击 保存(S) 按钮，即可完成图像文件的"另存为"操作。

2.1.4 置入图像文件

Photoshop 是一种位图图像处理软件，但它也具备处理矢量图的功能，因此，也可以将矢量图（如后缀为 EPS，AI 或 PDF 的文件）插入到 Photoshop 中使用。

新建或打开一个需要向其中插入图形的图像文件，然后选择菜单栏中的 文件(F) → 置入(L)... 命令，弹出 置入 对话框，如图 2.1.6 所示。

从该对话框中选择要插入的文件（如文件格式为 AI 的图形文件），单击 置入(P) 按钮，可将所选的图形文件置入到新建的图像中，如图 2.1.7 所示。

图 2.1.6 "置入"对话框

图 2.1.7 置入 AI 文件

此时的 AI 图形被一个控制框包围，可以通过拖拉控制框调整图像的位置、大小和方向。设置完成后，按回车键确认插入 AI 图像，如图 2.1.8 所示，如果按"Esc"键则会放弃插入图像的操作。

图 2.1.8　置入图形后的效果

2.1.5　恢复文件

在对文件进行编辑时，如果对修改的结果不满意，可选择 文件(F) → 恢复(V) 命令，可以将文件恢复至最近一次保存的状态。

2.1.6　关闭图像文件

图像文件编辑完成后，对于不再需要的图像文件可以将其关闭。关闭图像文件的方法有以下几种：

（1）选择菜单栏中的 文件(F) → 关闭(C) 命令。

（2）单击图像标签右方的"关闭"按钮 ✕ 。

（3）按"Ctrl+W"键或"Ctrl+F4"键。

如果要关闭 Photoshop CS4 中打开的多个文件，可选择菜单栏中的 文件(F) → 关闭全部 命令或按"Ctrl+Alt+W"键。

若被关闭的图像文件进行过编辑和处理又没有即时保存，则会在关闭图像时弹出提示框，提示用户关闭前是否保存对图像文件的修改。单击 是(Y) 按钮，图像被修改的部分也将被存储在关闭后的文件中；单击 否(N) 按钮，图像的修改部分将不被保存；单击 取消 按钮，图像文件将不会被关闭，维持现状。

2.2　设置图像与画布大小

在编辑图像时，根据工作的需要，用户可能经常需要更改图像和画布的尺寸，为此，下面将介绍如何调整图像和画布的操作方法。

2.2.1　设置图像大小

利用 图像大小(I)... 命令，可以更改图像的大小、打印尺寸以及图像的分辨率。具体操作方法如下：

（1）打开一幅需要改变大小的图像，如图 2.2.1 所示。

（2）选择菜单栏中的 图像(I) → 图像大小(I)... 命令，弹出"图像大小"对话框，如图 2.2.2 所示。

图 2.2.1 打开的图像

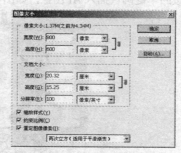

图 2.2.2 "图像大小"对话框

（3）在 像素大小: 选项区中的 宽度(W): 与 高度(H): 输入框中可设置图像的宽度与高度。改变像素大小后，会直接影响图像的品质、屏幕图像的大小以及打印效果。

（4）在 文档大小: 选项区中可设置图像的打印尺寸与分辨率。默认状态下， 宽度(D): 与 高度(G): 被锁定，即改变 宽度(D): 与 高度(G): 中的任何一项，另一项都会按相应的比例改变。

（5）设置好参数后，单击 确定 按钮，即可改变图像的大小，，如图 2.2.3 所示。

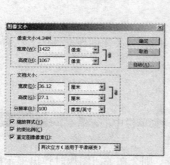

图 2.2.3 改变图像大小

2.2.2 设置画布大小

改变画布大小的具体操作方法如下：

（1）打开一幅需要改变画布大小的图像文件，如图 2.2.1 所示。

（2）选择菜单栏中的 图像(I) → 画布大小(S)... 命令，弹出 画布大小 对话框，如图 2.2.4 所示。

图 2.2.4 "画布大小"对话框

（3）在 新建大小:选项区中的 宽度(W):与 高度(H):输入框中输入数值，可重新设置图像的画布大小；在 定位:选项中可选择画布的扩展或收缩方向，单击其中的任何一个方向箭头，该箭头的位置可变为白色，图像就会以该位置为中心进行设置。

（4）单击 _____确定_____按钮，可以按所设置的参数改变画布大小，如图 2.2.5 所示。

图 2.2.5　改变画布大小

默认状态下，图像位于画布中心，画布向四周扩展或向中心收缩，画布颜色为背景色。如果希望图像位于其他位置，只须单击 定位:选项区中相应位置的小方块即可。

2.3　显示图像的基本操作

在 Photoshop CS4 中处理图像时，为了更清晰地观看图像或处理图像，需要对图像窗口的显示方式进行设置。

2.3.1　改变图像窗口的位置与大小

图像窗口的大小可以根据需要进行放大或缩小，其操作方法很简单，只须将鼠标移到图像窗口的边框或四角上，当光标变为双箭头形状时，按住鼠标左键并拖动即可改变其大小，如图 2.3.1 所示。

图 2.3.1　改变图像窗口大小

要把一个图像窗口摆放到工作界面的合适位置，就需要对图像窗口进行移动。将光标移到窗口的标题栏，按住鼠标左键拖动，即可随意将图像窗口摆放到合适位置。

2.3.2　图像窗口的叠放

在处理图像时，为了方便操作，需要将图像窗口最小化或最大化显示，这时只需要单击图像窗口

右上角的"最小化"按钮 ━ 与"最大化"按钮 □ 即可。

如果在 Photoshop CS4 中打开了多个图像窗口，屏幕显示会很乱，为了方便查看，可对多个窗口进行排列。选择菜单栏中的 窗口(W) → 排列(A) 命令，打开"排列"子菜单，如图 2.3.2 所示。

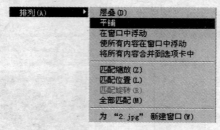

图 2.3.2 "排列"子菜单

利用"排列"子菜单中的命令可以对 Photoshop CS4 中打开的多个窗口进行排列设置，如图 2.3.3 所示为对打开的多个窗口应用层叠和平铺方式的效果。

图 2.3.3 应用层叠和平铺方式

2.3.3 缩放与移动图像

有时为处理图像的某一个细节，需要将这一区域放大显示，以使处理操作更加方便；而有时为查看图像的整体效果，则需要将图像缩小显示。可以通过以下操作实现图像的缩放或移动。

1. 使用菜单命令

在 视图(V) 菜单中有 5 个用于控制图像显示比例的命令，如图 2.3.4 所示。

放大(I)	Ctrl++
缩小(O)	Ctrl+-
按屏幕大小缩放(F)	Ctrl+0
实际像素(A)	Ctrl+1
打印尺寸(Z)	

图 2.3.4 快捷菜单

放大(I)：使用此命令可将图像放大。

缩小(O)：使用此命令可将图像缩小。

按屏幕大小缩放(F)：使用此命令可将图像显示于整个画布上。

实际像素(A)：使用此命令可按 100%比例显示。

打印尺寸(Z)：使用此命令，可按打印尺寸显示。

2．使用缩放工具

单击工具箱中的"缩放工具"按钮 🔍，在图像窗口中拖动鼠标框选需要放大的区域，就可以将该区域放大至整个窗口。如果在按住"Alt"键的同时使用缩放工具在图像中单击，可将图像缩小，也可通过"缩放工具"属性栏中的选项缩放图像，如图 2.3.5 所示。

图 2.3.5　"缩放工具"属性栏

3．使用导航器面板

使用 导航器 面板可以方便地控制图像的缩放显示。在此面板左下角的输入框中可输入放大与缩小的比例，然后按回车键。

也可以用鼠标拖动面板下方调节杆上的三角滑块，向左拖动使图像显示缩小，向右拖动则使图像显示放大。 导航器 面板显示如图 2.3.6 所示。

导航器 面板窗口中的红色方框表示图像显示的区域，拖动方框，可以发现图像显示的窗口也会随之改变，如图 2.3.7 所示。

图 2.3.6　导航器面板　　　　　　　　图 2.3.7　拖动方框显示某区域中的图像

2.3.4　屏幕显示模式

为了方便操作，Photoshop CS4 提供了 3 种不同的屏幕显示模式，分别为标准屏幕模式、带有菜单栏的全屏模式和全屏模式。

（1）选择菜单栏中的 视图(V) → 屏幕模式(M) → 标准屏幕模式 命令，可以显示默认窗口。在此模式下的窗口可显示 Photoshop CS4 的所有组件，图像较大时，两侧会有滚动栏，如图 2.3.8 所示。

图 2.3.8　标准屏幕模式

（2）选择菜单栏中的 视图(V) → 屏幕模式(M) → 带有菜单栏的全屏模式 命令，可切换至带有菜单栏及工具栏的全屏窗口，但不显示标题栏和滚动栏，如图 2.3.9 所示。

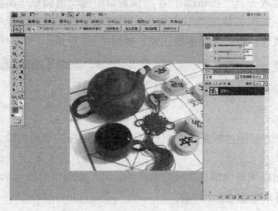

图 2.3.9　带有菜单栏的全屏模式

（3）选择菜单栏中的 视图(V) → 屏幕模式(M) → 全屏模式 命令，系统将弹出如图 2.3.10 所示的"信息"对话框，提醒用户返回其他模式操作方法。

图 2.3.10　"信息"对话框

在该对话框中单击 全屏 按钮，可切换至全屏窗口，但不显示标题栏、菜单栏和滚动栏。在该模式下，按"Tab"键将会隐藏所有的工具栏，如图 2.3.11 所示。

图 2.3.11　全屏模式

2.4　辅助工具的使用

Photoshop 中常用的辅助工具有标尺、参考线、网格以及度量工具等，这些工具可以帮助用户准确定位图像中的位置或角度，使编辑图像更加精确、方便。

2.4.1　标尺

标尺可以准确地显示出当前光标所在的位置和图像的尺寸，还可以让用户更准确地对齐对象和选取范围。

标尺的隐藏或显示可以通过选择菜单栏中的 视图(V) → 标尺(R) 命令进行切换。当标尺显示时，位于图像窗口的左边与上边，如图 2.4.1 所示。在图像中移动鼠标，可以在标尺上显示出鼠标所在位置的坐标值。

程序默认的标尺单位是厘米，也可以重新设置标尺的单位，其操作方法是选择菜单栏中的 编辑(E) → 首选项(N) → 单位与标尺(U)... 命令，弹出 首选项 对话框，如图 2.4.2 所示，在 单位 选项区中单击 标尺(R): 右侧的下拉列表框，可从弹出的下拉列表中选择标尺的单位。

图 2.4.1　显示标尺

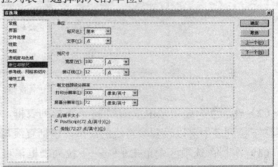

图 2.4.2　"首选项"对话框

2.4.2　参考线与网格

参考线用于对齐物体，可任意设置其位置。要创建参考线，可选择菜单栏中的 视图(V) → 新建参考线(E)... 命令，可弹出 新建参考线 对话框，如图 2.4.3 所示。

在 取向 选项区中可设置水平或垂直参考线，在 位置(P): 输入框中输入数值，可设置参考线的位置，如图 2.4.4 所示。

图 2.4.3　"新建参考线"对话框

图 2.4.4　创建参考线

选择菜单栏中的 视图(V) → 显示(H) → 参考线(U) 命令，可以显示或隐藏参考线；选择菜单栏中的 视图(V) → 显示(H) → 网格(G) 命令，可显示或隐藏网格。

如果要锁定参考线，可选择菜单栏中的 视图(V) → 锁定参考线(G) 命令，即可锁定参考线。

如果要清除参考线，可选择菜单栏中的 视图(V) → 清除参考线(D) 命令，即可清除图像中所有的参考线。如果需要删除某一条参考线，可将光标移至需要删除的参考线上，按住鼠标左键将其拖至窗口外即可。

也可重新设置参考线与网格的颜色与样式，其操作方法如下：

（1）选择菜单栏中的 编辑(E) → 首选项(N) → 参考线、网格和切片(S)... 命令，弹出 首选项 对话框，如图 2.4.5 所示。

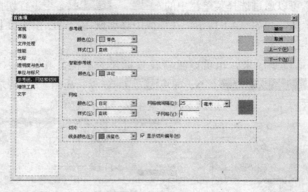

图 2.4.5 "首选项"对话框

（2）在 参考线 选项区中单击 颜色(Q): 下拉列表框，可从弹出的下拉列表中选择参考线颜色；在 样式(T): 下拉列表中可以设置参考线的线型，包括直线与虚线。

（3）在 网格 选项区中单击 颜色(C): 下拉列表框，可从弹出的下拉列表中选择网格线的颜色；在 网格线间隔(D): 输入框中可设置网格的尺寸；在 子网格(V): 输入框中可设置网格的个数，如图 2.4.6 所示。

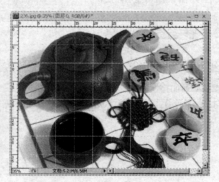

图 2.4.6 网格的设置

2.4.3 标尺工具

利用标尺工具可以快速测量图像中任意区域两点间的距离，该工具一般配合信息面板或其属性栏来使用。单击工具箱中的"标尺工具"按钮 ，其属性栏如图 2.4.7 所示。

X: 508.00 Y: 152.00 W: 162.00 H: 282.00 A: -60.1° L1: 325.22 L2: ☑ 使用测量比例 清除

图 2.4.7 "标尺工具"属性栏

使用标尺工具在图像中需要测量的起点处单击，然后将鼠标移动到另一点处再单击形成一条直线，测量结果就会显示在信息面板中，如图 2.4.8 所示。

信息面板

起点　　　　　　　　　　　　　　　终点

图 2.4.8 测量两点间的距离

2.5 图像颜色的设置

Photoshop 提供了多种绘图工具。使用这些绘图工具绘制图像时，必须先选取一种绘图颜色，然后才能顺利地绘制所需的图像效果。对于使用 Photoshop 绘图来说，颜色的设置是绘图的关键。本节主要介绍颜色的各种设置方法。

2.5.1 前景色与背景色

在工具箱中前景色按钮显示在上面，背景色按钮显示在下面，如图 2.5.1 所示。在默认的情况下，前景色为黑色，背景色为白色。如果在使用过程中要切换前景色和背景色，则可在工具箱中单击"切换颜色"按钮 ，或按键盘上的"X"键。若要返回默认的前景色和背景色设置，则可在工具箱中单击"默认颜色"按钮 ，或按键盘上的"D"键。

切换前景色和背景色按钮

默认前景色和背景色

图 2.5.1 前景色和背景色按钮

若要更改前景色或背景色，可单击工具箱中的"设置前景色"或"设置背景色"按钮，弹出"拾色器"对话框，如图 2.5.2 所示。

"拾色器"对话框左侧区域是色域图，在色域图上单击，则单击处的颜色即为用户选取的颜色。中间的彩色长条为色调调节杆，拖动色调调节杆上的滑块可以选择不同的颜色范围。在对话框的右下角显示了 4 种颜色模式（HSB，Lab，RGB 和 CMYK），在其对应的文本框中输入相应的数值可精确设置所需的颜色。设置完成后，单击  按钮，即可用所选的颜色来填充前景色或背景色。

技巧：在色域图中，左上角为纯白色（R，G，B 值分别为 255，255，255），右下角为纯黑色（R，G，B 值分别为 0，0，0）。

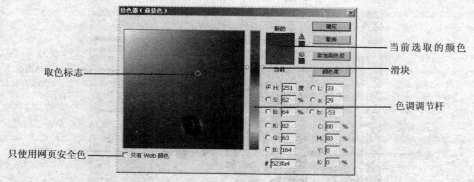

图 2.5.2 "拾色器"对话框

另外，单击其对话框中的 颜色库 按钮，可弹出"颜色库"对话框，如图 2.5.3 所示。

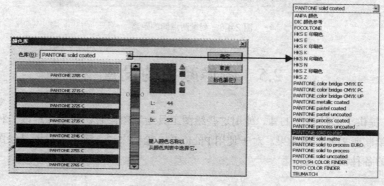

图 2.5.3 "颜色库"对话框

在"颜色库"对话框中，单击 色库(B): 右侧的 ▼ 按钮，可弹出"色库"下拉列表，在其中共有 27 种颜色库，这些颜色库是全球范围内不同公司或组织制定的色样标准。由于不同印刷公司的颜色体系不同，可以在"色库"下拉列表中选择一个颜色系统，然后输入油墨数或沿色调调节杆拖动三角滑块，找出想要的颜色。每选择一种颜色序号，该序号相对应的 CMYK 的各分量的百分数也会相应地发生变化。如果单击色调调节杆上端或下端的三角块，则每单击一次，三角滑块会向前或向后移动选择一种颜色。

2.5.2 颜色面板

在颜色面板中可通过几种不同的颜色模型来编辑前景色和背景色，在颜色栏显示的色谱中也可选取前景色和背景色。选择菜单栏中的 窗口(W) → 颜色 命令，即可打开颜色面板，如图 2.5.4 所示。

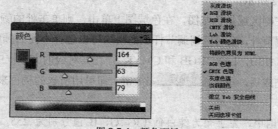

图 2.5.4 颜色面板

　　若要使用颜色面板设置前景色或背景色，首先在该面板中选择要编辑颜色的前景色或背景色色块，然后再拖动颜色滑块或在其右边的文本框中输入数值即可，也可直接从面板中最下面的颜色栏中选取颜色。

2.5.3　色板面板

　　在 Photoshop CS4 中还提供了可以快速设置颜色的色板面板，选择 窗口(W) → 色板 命令，即可打开色板面板，如图 2.5.5 所示。

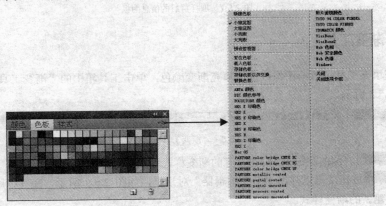

图 2.5.5　色板面板

　　在该面板中选择某一个预设的颜色块，即可快速地改变前景色与背景色颜色，也可以将设置的前景色与背景色添加到色板面板中或删除此面板中的颜色。还可在色板面板中单击 按钮，在弹出的下拉列表中选择一种预设的颜色样式添加到色板中作为当前色板，供用户参考使用。

2.5.4　吸管工具

　　使用吸管工具不仅能从打开的图像中取样颜色，也可以指定新的前景色或背景色。单击工具箱中的"吸管工具"按钮 ，然后在需要的颜色上单击即可将该颜色设置为新前景色。如果在单击颜色的同时按住"Alt"键，则可以将选中的颜色设置为新背景色。吸管工具属性栏如图 2.5.6 所示。

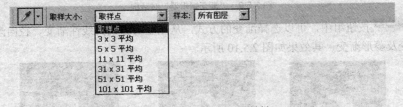

图 2.5.6　"吸管工具"属性栏

　　在 取样大小 下拉列表中可以选择吸取颜色时的取样大小。选择 取样点 选项时，可以读取所选区域的像素值；选择 3×3 平均 或 5×5 平均 选项时，可以读取所选区域内指定像素的平均值。修改吸管的取样大小会影响信息面板中显示的颜色数值。

　　在吸管工具的下方是颜色取样器工具 ，利用该工具可以吸取到图像中任意一点的颜色，并以数字的形式在信息面板中表示出来。图 2.5.7（a）为未取样时的信息面板，图 2.5.7（b）为取样后的信息面板。

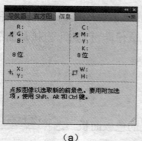

（a） （b）

图 2.5.7　取样前后的信息面板

2.5.5　渐变工具

利用渐变填充工具可以给图像或选区填充渐变颜色，单击工具箱中的"渐变工具"按钮，其属性栏如图 2.5.8 所示。

图 2.5.8　"渐变工具"属性栏

单击 ▮▮▮▮ 右侧的 ▾ 按钮，可在打开的渐变样式面板中选择需要的渐变样式。

单击 ▮▮▮▮ 按钮，可以弹出"渐变编辑器"对话框，如图 2.5.9 所示，在其中用户可以自己编辑、修改或创建新的渐变样式。

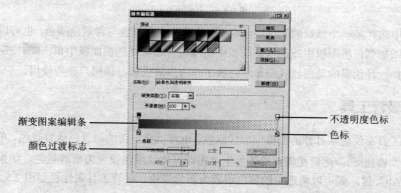

渐变图案编辑条 ——

颜色过渡标志 ——

—— 不透明度色标

—— 色标

图 2.5.9　"渐变编辑器"对话框

在 ▮▮▮▮▮ 按钮组中，可以选择渐变的方式，从左至右分别为线性渐变、径向渐变、角度渐变、对称渐变及菱形渐变，其效果如图 2.5.10 所示。

原图　　　　　　　　　　线性渐变　　　　　　　　　　径向渐变

图 2.5.10　5 种渐变效果

角度渐变   对称渐变   菱形渐变

图 2.5.10   5 种渐变效果（续）

选中 反向 复选框，可产生与原来渐变相反的渐变效果。

选中 仿色 复选框，可以在渐变过程中产生色彩抖动效果，把两种颜色之间的像素混合，使色彩过渡得平滑一些。

选中 透明区域 复选框，可以设置渐变效果的透明度。

在"渐变工具"属性栏中设置好各选项参数后，在图像选区中需要填充渐变的区域单击鼠标并向一定的方向拖动，可画出一条两端带 ✛ 图标的直线，此时释放鼠标，即可显示渐变效果，如图 2.5.11 所示。

图 2.5.11   渐变填充效果

技巧：若在拖动鼠标的过程中按住"Shift"键，则可按 45°、水平或垂直方向进行渐变填充。拖动鼠标的距离越大，渐变效果越明显。

2.5.6   油漆桶工具

利用油漆桶工具可以给图像或选区填充颜色或图案，单击工具箱中的"油漆桶工具"按钮 ，其属性栏如图 2.5.12 所示。

| ◇ ▾ | 前景 ▾ | 模式：正常 ▾ | 不透明度：100% ▸ | 容差：32 | ☑消除锯齿 ☑连续的 ☐所有图层 |

图 2.5.12   "油漆桶工具"属性栏

单击 前景 右侧的 按钮，在弹出的下拉列表中可以选择填充的方式，选择 前景 选项，在图像中相应的范围内填充前景色，如图 2.5.13 所示；选择 图案 选项，在图像中相应的范围内填充图案，如图 2.5.14 所示。

图 2.5.13　前景色填充效果　　　　　图 2.5.14　图案填充效果

在 **不透明度:** 文本框中输入数值，可以设置填充内容的不透明度。

在 **容差:** 文本框中输入数值，可以设置在图像中的填充范围。

选中 **消除锯齿** 复选框，可以使填充内容的边缘不产生锯齿效果，该选项在当前图像中有选区时才能使用。

选中 **连续的** 复选框后，只在与鼠标落点处颜色相同或相近的图像区域中进行填充，否则，将在图像中所有与鼠标落点处颜色相同或相近的图像区域中进行填充。

选中 **所有图层** 复选框，在填充图像时，系统会根据所有图层的显示效果将结果填充在当前层中，否则，只根据当前层的显示效果将结果填充在当前层中。

2.6　软件的优化设置

在使用 Photoshop CS4 之前，需要对 Photoshop 的预设选项进行优化，这样可以更有效地提高软件的运行效率，加快工作速度，节约时间。Photoshop 的环境变量设置命令都集中在 **编辑(E)** → **首选项(N)** 命令子菜单中，如图 2.6.1 所示。利用这些命令可以对 Photoshop CS4 中的各项系统参数进行设置。

图 2.6.1　"首选项"子菜单

2.6.1　常规

选择菜单栏中的 **编辑(E)** → **首选项(N)** → **常规(G)...** 命令，或按"Ctrl+K"键，弹出"首选项"对话框，如图 2.6.2 所示。

在该对话框中用户可以对 Photoshop CS4 软件进行总体的设置。

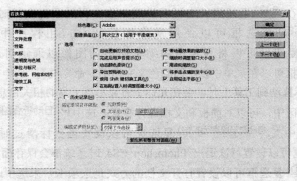

图 2.6.2 "首选项"对话框

在 拾色器(C): 下拉列表中可以选择与 Photoshop 匹配的颜色系统，默认设置为 Adobe 选项，因为它是与 Photoshop 匹配最好的颜色系统。除非用户有特殊的需要，否则不要轻易改变默认的设置。

在 图像插值(I): 下拉列表中可以选择软件在重新计算分辨率时增加或减少像素的方式。

选中 ☑ 导出剪贴板(X) 复选框，将使用系统剪贴板作为缓冲和暂存，实现 Photoshop 和其他程序之间的快速交换。

选中 ☑ 缩放时调整窗口大小(R) 复选框，允许用户在通过键盘操作缩放图像时调整文档窗口的大小。

选中 ☑ 自动更新打开的文档(A) 复选框，当退出 Photoshop 软件时会对打开的文档进行自动更新。

选中 ☑ 完成后用声音提示(D) 复选框，Photoshop 将在每条命令执行后发出提示声音。

选中 ☑ 动态颜色滑块(Y) 复选框，修改颜色时色彩滑块平滑移动。

选中 ☑ 使用 Shift 键切换工具(U) 复选框，要在同一组中以快捷方式切换不同的工具时，必须按"Shift"键。

2.6.2 界面

选择 编辑(E) → 首选项(N) → 界面(I)... 命令，将打开"首选项"对话框中的"界面"参数设置选项，如图 2.6.3 所示。

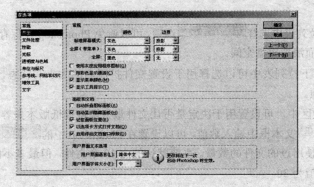

图 2.6.3 "界面"参数设置

在该对话框中用户可以对软件工作界面进行相关的设置。

在 常规 选项区中，可以对一些常规选项进行设置。其中在 标准屏幕模式: 下拉列表中可以设置工作界面显示为标准屏幕模式时的颜色和边界；在 全屏（带菜单）: 下拉列表中可以设置工作界面显示为全屏时的颜色和边界；在 **全屏:** 下拉列表中可以设置工作界面显示为全屏时的颜色和边界。选中 ☑ **使用灰度应用程序图标(G)** 复选框可以使用灰度图标代替应用程序中的彩色图标；选中 ☑ **用彩色显示通道(C)** 复选框可以将通道中的缩览图中的图像以通道对应的颜色显示；选中 ☑ **显示菜单颜色(M)** 复选框可以在菜单中以不同颜色来突出不同命令类型；选中 ☑ **显示工具提示(T)** 复选框可以设置将鼠标光标移动到工具上时，会在光标下方显示该工具的相关信息。

在 **面板和文档** 选项区中，可以对面板和文档进行设置。选中 ☑ **自动折叠图标面板(A)** 复选框可以自动折叠面板图标；选中 ☑ **自动显示隐藏面板(H)** 复选框可以设置当鼠标滑过时显示隐藏面板；选中 ☑ **记住面板位置(R)** 复选框可以设置每次退出 Photoshop CS4 时系统都会保存面板的状态及位置；选中 ☑ **以选项卡方式打开文档(O)** 复选框可以设置打开文档的方式是选项卡，未选中时则为浮动窗口；选中 ☑ **启用浮动文档窗口停放(D)** 复选框可以设置允许拖动浮动窗口到其他文档时以选项卡方式显示。

在 **用户界面文本选项** 选项区中，可以设置软件显示的语言和字体。

2.6.3　文件处理

选择 **编辑(E)** → **首选项(N)** → **文件处理(F)...** 命令，将打开"首选项"对话框中的"文件处理"参数设置选项，如图 2.6.4 所示。

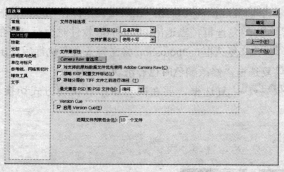

图 2.6.4　"文件处理"参数设置

在该对话框中用户可以设置是否存储图像的缩微预览图，以及是否用大写字母表示文件的扩展名等参数选项。

在 **图像预览(G):** 下拉列表中选择 **存储时询问** 选项，可以避免 Photoshop 在保存图像的时候再保存一个 ICON 格式的文件而浪费磁盘空间。

在 **文件扩展名(E):** 下拉列表中可以选择用于设置文件扩展名的大小写状态，包括 **使用小写** 和 **使用大写** 两个选项。

在 **文件兼容性** 选项区中，可设置用于决定是否让文件最大限度向低版本兼容。

在 **近期文件列表包含(R):** 文本框中输入数值，可以设置在 Photoshop 中的 **文件(E)** → **最近打开文件(T)** 命令子菜单中显示的最近使用过的文件的数量。系统默认的为 10 个文件，但最多不能超过 30 个，即文本框中输入的数值最大值为 30。

2.6.4　性能

选择 **编辑(E)** → **首选项(N)** → **性能(E)...** 命令，将打开"首选项"对话框中的"性能"参数设置选项，如图 2.6.5 所示。在该对话框中可以对软件处理图像时的内存、暂存空间和历史记录进行设置。

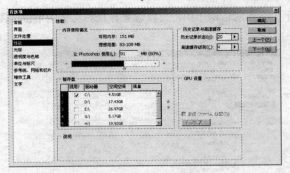

图 2.6.5 "性能"参数设置

2.6.5 光标

选择 编辑(E) → 首选项(N) → 光标 命令,将打开"首选项"对话框中的"光标"参数设置选项,如图 2.6.6 所示。在该对话框中用户可以对软件处理图像时使用的工具图标进行相应的显示设置。

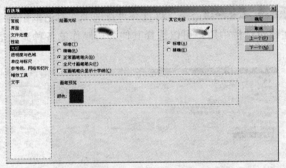

图 2.6.6 "光标"参数设置

2.6.6 透明度与色域

选择 编辑(E) → 首选项(N) → 透明度与色域(T)... 命令,将打开"首选项"对话框中的"透明度与色域"参数设置选项,如图 2.6.7 所示。在该对话框中可设置透明区域的网格的颜色、大小等。

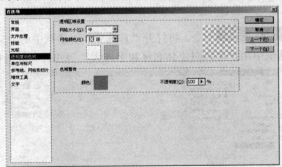

图 2.6.7 "透明度与色域"参数设置

2.6.7 单位与标尺

选择 编辑(E) → 首选项(N) → 单位与标尺 命令,将打开"首选项"对话框中的"单位与标尺"参数设

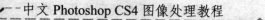

置选项，如图 2.6.8 所示。在该对话框中用户可以设置标尺和文字的单位、图像的尺寸以及打印分辨率和屏幕分辨率等。

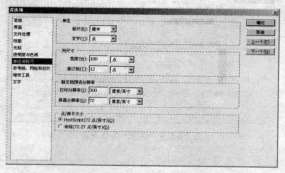

图 2.6.8 "单位与标尺"参数设置

2.6.8 增效工具

选择 编辑(E) → 首选项(N) → 增效工具 命令，将打开"首选项"对话框中的"增效工具"参数设置选项，如图 2.6.9 所示。在该对话框中用户可以选择其他公司制作的各种滤镜插件和设置旧版本的增效工具。

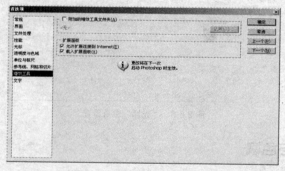

图 2.6.9 "增效工具"参数设置

2.6.9 文字

选择 编辑(E) → 首选项(N) → 文字 命令，将打开"首选项"对话框中的"文字"参数设置选项，如图 2.6.10 所示。在该对话框中用户可以对字体名称和字体大小等相关参数进行设置。

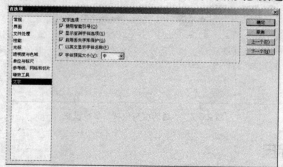

图 2.6.10 "文字"参数设置

2.7 典型实例——合成图像效果

本节综合运用前面所学的知识合成图像，最终效果如图 2.7.1 所示。

图 2.7.1   最终效果图

操作步骤

（1）按"Ctrl+O"键，打开一个图像文件，如图 2.7.2 所示。

（2）设置前景色为深绿色，单击工具箱中的"油漆桶工具"按钮，在图像的圆角矩形区域和拖曳区域进行填充，效果如图 2.7.3 所示。

图 2.7.2   打开的图像文件   图 2.7.3   填充图像颜色

（3）选择 文件(F) → 置入(L)... 命令，从弹出的 置入 对话框中选择一幅需要置入的图像文件，单击 置入(P) 按钮，可将所选的图形文件置入到新建图像中，如图 2.7.4 所示。

（4）拖曳图像周围的控制框，调整图像的位置及大小，如图 2.7.5 所示。

图 2.7.4   置入图像文件   图 2.7.5   调整图像效果

（5）重复步骤（3）和（4）的操作，在椭圆图像区域置入图片，效果如图 2.7.6 所示。

（6）单击工具箱中的"吸管工具"按钮，吸取荷花图像中心的黄色，然后使用颜料桶工具在图像的右侧白色区域单击鼠标左键对其进行填充，效果如图 2.7.7 所示。

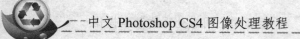

图 2.7.6　置入图像效果　　　　　　　　　　图 2.7.7　填充图像效果

（7）重复步骤（6）的操作，吸取荷花图像花瓣的颜色，对图像右侧的白色区域进行填充，最终效果如图 2.7.1 所示。

本 章 小 结

本章主要介绍了文件和图像显示的基本操作、辅助工具的使用以及软件的优化设置等内容。通过本章的学习，读者能够运用计算机性能优化设置系统参数，熟练掌握图像处理的基本操作，并学会对绘制的图像颜色进行填充。

过 关 练 习

一、填空题

1. 在 Photoshop 中要保存文件，其快捷键是_____。

2. 如果要关闭 Photoshop CS4 中打开的多个文件，可按_____键。

3. 如果在 Photoshop CS4 中打开了多个图像窗口，屏幕显示会很乱，为了方便查看，可对多个窗口进行_____。

4. Photoshop CS4 的屏幕显示模式分别为_____、_____和_____。

二、选择题

1. 在缩放工具上双击鼠标，图像以（　　）比例显示。

　　（A）100%　　　　　　（B）45%　　　　　　（C）50%　　　　　　（D）全错

2. 对前景色和背景色进行互换，可按（　　）键进行切换。

　　（A）"C" 和 "D"　　　（B）"D" 和 "X"　　　（C）"C" 和 "X"　　　（D）全选

三、简答题

1. 如何更改图像画布的大小？

2. 如何使用渐变工具对图像进行填充？

四、上机操作题

1. 打开一幅图像，练习为其添加标尺、参考线、网格。

2. 进入 Photoshop CS4 工作界面，对该软件的性能进行优化设置。

第 *3* 章 | 创建与编辑选区

章前导航

　　在 Photoshop CS4 中关于图像处理的操作几乎都与当前的选区有关，而操作只对选取的图像部分有效而对未选取的图像无效，因此，掌握选区的创建与编辑是提高图像处理的关键。本章主要介绍选区的创建、编辑、柔化以及存储与载入的方法与技巧。

本章要点

➡ 创建选区

➡ 编辑选区

➡ 柔化选区

➡ 存储与载入选区

3.1 创 建 选 区

选区是指图像中由用户指定的一个特定的图像区域。创建选区后，绝大多数操作都只能针对选区内的图像进行。Photoshop CS4 中提供了多种创建选区的工具，如选框工具、套索工具、魔棒工具等。用户应熟练掌握这些工具和命令的使用方法。

3.1.1 选区的概念

选区是一个用来隔离图像的封闭区域，当在图像中创建选区后，选区边界看上去就像是一圈"蚂蚁线"，选区内的图像将被编辑，选区外的图像则被保护，不会产生任何变化，如图 3.1.1 所示。

选区边界

选区内部

选区外部

图 3.1.1 选区的示意图

3.1.2 使用选框工具创建选区

选框工具又称为规则选区工具，在该工具组中包括矩形选框工具、椭圆选框工具、单行选框工具和单列选框工具，如图 3.1.2 所示。

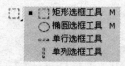

图 3.1.2 选框工具组

1. 矩形选框工具

选择工具箱中的矩形选框工具，在图像中拖动鼠标，可创建矩形选区。该工具属性栏如图 3.1.3 所示。

图 3.1.3 "矩形选框工具"属性栏

矩形选框工具属性栏各选项含义介绍如下：

（1）"新选区"按钮：该按钮表示在图像中创建一个独立的选区，即如果图像中已创建了一个选区，再次使用矩形工具创建选区，新创建的选区将会替代原来的选区，如图 3.1.4 所示。

（2）"添加到选区"按钮：该按钮表示在图像原有选区的基础上增加选区，即新创建的选区将和原来的选区合并为一个新选区，如图 3.1.5 所示。

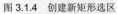

图 3.1.4　创建新矩形选区

图 3.1.5　添加到选区

（3）"从选区减去"按钮：该按钮表示从图像原有选区中减去选区，即从图像原选区中减去新选区与原选区的重叠部分，剩下的部分成为新的选区，如图 3.1.6 所示。

（4）"与选区交叉"按钮：该按钮表示选取两个选区中的交叉重叠部分，即仅保留新创建选区与原选区的重叠部分，如图 3.1.7 所示。

图 3.1.6　从选区减去

图 3.1.7　与选区交叉

（5）羽化：0 px：该选项用来设置选区边界处的羽化宽度。羽化就是对选区的边缘进行柔和模糊处理。输入数值越大，羽化程度越高。

（6）样式：单击其右侧的下拉按钮，弹出样式下拉列表，如图 3.1.3 所示。

1）正常：鼠标拖动出的矩形范围就是创建的选区。

2）固定比例：鼠标拖动出的矩形选区的宽度和高度总是按照一定的比例变化，可在 宽度： 和 高度： 文本框中输入数值来设定比例，在此设置 宽度：为 "5"， 高度：为 "8"，效果如图 3.1.8 所示。

3）固定大小：在 宽度： 和 高度： 文本框中输入数值，拖动鼠标时自动生成已设定大小的选区，在此设置 宽度：为 "64px"， 高度：为 "64px"，效果如图 3.1.9 所示。

图 3.1.8　创建固定比例的选区

图 3.1.9　创建固定大小的选区

技巧：按快捷键 "Ctrl+D"，可以取消已创建的选区。选择矩形选框工具，按住 "Shift" 键，可以创建正方形选区。

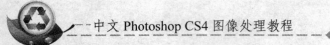

2．椭圆选框工具

选择工具箱中的椭圆选框工具 ，在图像中拖动鼠标，可以创建椭圆形选区。该工具属性栏如图 3.1.10 所示。

图 3.1.10 "椭圆选框工具"属性栏

选中 复选框，可以消除选区边缘的锯齿，产生比较平滑的边缘。椭圆选框工具的属性栏与矩形选框工具属性栏中的其他选项基本相同，这里就不再赘述。

技巧：选择椭圆选框工具 ，按住"Shift"键，可以创建圆形选区。

使用椭圆选框工具可以创建椭圆形和圆形的选区，如图 3.1.11 所示。

椭圆形选区   圆形选区

图 3.1.11 椭圆选框工具创建的选区

3．单行选框工具和单列选框工具

（1）使用单行选框工具可以创建宽度等于图像宽度，高度为 1 像素的单行选区。

（2）使用单列选框工具可以创建高度等于图像高度，宽度为 1 像素的单列选区。

使用单行选框工具和单列选框工具创建的选区如图 3.1.12 所示。

图 3.1.12 单行选区和单列选区

3.1.3 使用套索工具创建选区

套索工具又称为不规则选区工具，该工具组包括套索工具、多边形套索工具和磁性套索工具，如图 3.1.13 所示。

1．套索工具

选择套索工具 ，在图像中沿着需要选择的区域拖动鼠标，并形成一个闭合区域，该闭合区域就是创建的选区。该工具属性栏如图 3.1.14 所示。

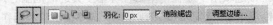

图 3.1.13　套索工具组　　　　　　　图 3.1.14　"套索工具"属性栏

套索工具属性栏中的各选项含义与选框工具相同，这里就不再赘述。利用套索工具创建的选区如图 3.1.15 所示。

图 3.1.15　使用套索工具创建的选区

2．多边形套索工具

选择多边形套索工具，在图像中某处单击，然后移动鼠标到另一处再次单击，则两次单击的节点之间会生成一条直线。围绕要选取的对象，不停地单击鼠标创建多个节点，最后将鼠标移至起始位置处，鼠标指针旁会出现一个小圆圈，此时再次单击鼠标，即可以形成一个闭合的选区，该闭合选区就是创建的选区。

多边形套索工具的属性栏与套索工具的属性栏相同，使用多边形套索工具创建的选区如图 3.1.16 所示。

图 3.1.16　使用多边形套索工具创建的选区

3．磁性套索工具

磁性套索工具多用于图像边界颜色和背景颜色对比较明显的图像范围的选取。磁性套索工具属性栏如图 3.1.17 所示。

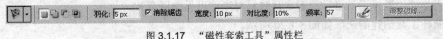

图 3.1.17　"磁性套索工具"属性栏

宽度：在该文本框中输入数值可设置磁性套索工具的宽度，即使用该工具进行范围选取时所能检测到的边缘宽度。宽度值越大，所能检测的范围越宽，但是精确度就降低了。

对比度：在该文本框中输入数值可设置磁性套索工具对选取对象和图像背景边缘的灵敏度。数值越大，灵敏度越高，但要求图像边界颜色和背景颜色对比非常明显。

频率：该选项用于设置使用磁性套索工具选取范围时，出现在图像上的锚点的数量，该值设置越大，则锚点越多，选取的范围越精细。频率的取值范围在 1～100 之间。

：该按钮用来设置是否改变绘图板的压力，以改变画笔宽度。

使用磁性套索工具创建的选区如图 3.1.18 所示。

图 3.1.18　使用磁性套索工具创建的选区

提示：套索工具多用于对选区的选取精度要求不是很高的情况；多边形套索工具多用于选取边界比较规范的选区；磁性套索工具多用于图像与背景反差较大的情况。

3.1.4　使用魔棒工具创建选区

魔棒工具组也是一组不规则选区工具，该工具组中包括魔棒工具和快速选择工具两种，现在分别进行介绍。

1．魔棒工具

魔棒工具 是 Photoshop CS4 最常用的选取工具之一，对于背景颜色比较单一且与图像反差较大的图像，魔棒工具有着得天独厚的优势。魔棒工具属性栏如图 3.1.19 所示。

图 3.1.19　"魔棒工具"属性栏

魔棒工具属性栏各选项含义如下：

容差：在容差文本框中输入数值，可设置使用魔棒工具时选取的颜色范围大小，数值越大，范围越广；数值越小，范围越小，但精确度越高。

连续：选中该复选框表示只选择图像中与鼠标上次单击点相连的色彩范围；取消选中此复选框，表示选择图像中所有与鼠标上次单击点颜色相近的色彩范围。

对所有图层取样：选中此复选框表示使用魔棒工具进行色彩选择时对所有可见图层有效；不选中此复选框表示使用魔棒工具进行色彩选择时只对当前可见图层有效。

使用魔棒工具创建的选区如图 3.1.20 所示。

注意：使用魔棒工具进行范围选取时，一般将选取方式设置为"添加到选区"，因为只有设置为"添加到选区"，才能使用魔棒工具连续选取图像，以创建完整的选区。

容差设置为 5 创建的选区　　　　　　容差设置为 50 创建的选区

图 3.1.20　使用魔棒工具创建的选区

2.快速选择工具

在处理图像时对于背景色比较单一且与图像反差较大的图像,快速选择工具 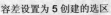 有着得天独厚的优势。快速选择工具属性栏如图 3.1.21 所示。

图 3.1.21　"快速选择工具"属性栏

快速选择工具属性栏各选项含义如下:

新选区 ：按下此按钮表示创建新选区。

增加到选区 ：在鼠标拖动过程中选区不断增加。

从选区减去 ：从大的选区中减去小的选区。

用鼠标单击 画笔 右侧的下拉按钮,快速选择工具笔触的大小。

选中 对所有图层取样 复选框,表示基于所有图层(而不是仅基于当前选定的图层)创建一个选区。

选中 自动增强 复选框,表示减少选区边界的粗糙度和块效应。"自动增强"自动将选区向图像边缘进一步靠近并应用一些边缘调整,效果如图 3.1.22 所示。也可以通过在"调整边缘"对话框中使用"平滑"、"对比度"和"半径"选项手动应用这些边缘调整。

图 3.1.22　快速选择工具的应用

3.2　编　辑　选　区

选区的修改与调整包括选区的移动、反向、扩大选取、选取相似、变换以及取消选择等操作,以下将进行具体介绍。

3.2.1　移动选区

在 Photoshop CS4 中可用以下 3 种方法移动选区。

（1）在图像中创建选区后，将鼠标移动到选区内，当光标呈 形状时，单击鼠标左键并拖动即可移动选区，效果如图 3.2.1 所示。

图 3.2.1　移动选区效果

（2）在图像中创建选区后，按键盘上的方向键，每按一次选区就会向方向键指示的方向移动 1 个像素。

（3）在按方向键的同时按住"Shift"键，每按一次，选区就会向方向键指示的方向移动 10 个像素。

3.2.2　复制与粘贴选区

图像选区的复制和粘贴在图像处理和编辑选区时也经常用到，下面就介绍几种常用的对图像选区复制、粘贴的方法。

（1）在确定了要复制的选区之后，选择菜单栏中的 编辑(E) → 拷贝(C) 命令，即可完成选区的复制，其快捷键为"Ctrl+C"；选择菜单栏中的 编辑(E) → 粘贴(P) 命令可完成图像选区的粘贴，其快捷键为"Ctrl+V"。

（2）如果同时打开了两个图像，则可以利用移动工具 将一个图像拖到另一个图像中，完成图像或选区的复制粘贴。

（3）按快捷键"Ctrl+Alt"的同时在图像的选区中拖动鼠标到图像的另一处，即可完成选区的复制粘贴。其操作过程如图 3.2.2 所示。

原始图像　　　　　　　　　　　　　使用魔棒工具创建的选区

图 3.2.2　使用快捷键"Ctrl+Alt"复制选区

按下"**Ctrl+Alt**"键时的状态图　　　　　　　　　选区复制状态图

图 3.2.2　使用快捷键"**Ctrl+Alt**"复制选区（续）

　　注意：按快捷键"Ctrl+Alt"时，光标会变成黑、白两个小箭头，此时，必须将光标置于选区内，并拖动鼠标，即完成选区的复制。如果将光标置于选区外，此时拖动鼠标，则复制的是整个图像，即复制当前图层。

3.2.3　修改选区

通过使用 选择(S) → 修改(M) 命令子菜单中的相关命令，可以精确地增加或减少当前选区的范围。其中包括边界、平滑、扩展、收缩等命令。

1."边界"命令

应用边界命令后，以一个包围选区的边框来代替原选区，该命令用于修改选区的边缘。下面通过一个例子介绍边界命令的使用。具体的操作方法如下：

（1）打开一幅图像，并为其创建选区，效果如图 3.2.3 所示。

（2）选择 选择(S) → 修改(M) → 边界(B)... 命令，弹出"边界选区"对话框，在 宽度(W): 文本框中输入数值，设置选区边框的大小为 16，如图 3.2.4 所示。

（3）设置完成后，单击 确定 按钮，效果如图 3.2.5 所示。

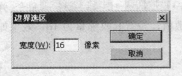

图 3.2.3　打开图像并创建选区　　　　图 3.2.4　"边界选区"对话框　　　　图 3.2.5　选区扩边效果

2."平滑"命令

平滑命令是通过在选区边缘增加或减少像素来改变边缘的粗糙程度，以达到一种平滑的选区效果。在如图 3.2.3 所示的选区的基础上选择 选择(S) → 修改(M) → 平滑(S)... 命令，弹出"平滑选区"对话框，如图 3.2.6 所示，在 取样半径(S): 文本框中输入数值，设置其平滑度为 20，效果如图 3.2.7 所示。

提示：使用基于颜色的选取工具与命令创建的选区，其边缘会有一些锯齿，而且还会有一些很零散的像素被选取，手动去除这些像素非常麻烦。因此，可使用 Photoshop CS4 中的"平滑"命令来完成此操作。

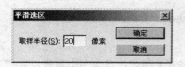

图 3.2.6　"平滑选区"对话框　　　　图 3.2.7　选区的平滑效果

3．"扩展"命令

扩展命令是将当前选区按设定的数目向外扩充，扩充单位为像素。在如图 3.2.3 所示的选区的基础上选择 选择(S) → 修改(M) → 扩展(E)... 命令，弹出"扩展选区"对话框，如图 3.2.8 所示，在 扩展量(E): 文本框中输入数值，设置其扩展量为 15，效果如图 3.2.9 所示。

图 3.2.8　"扩展选区"对话框　　　　图 3.2.9　选区的扩展效果

4．"收缩"命令

收缩命令与扩展命令相反，收缩命令可以将当前选区按设定的像素数目向内收缩。在如图 3.2.3 所示的选区的基础上选择 选择(S) → 修改(M) → 收缩(C)... 命令，弹出"收缩选区"对话框，如图 3.2.10 所示，在 收缩量(C): 文本框中输入数值，设置其收缩量为 10，效果如图 3.2.11 所示。

图 3.2.10　"收缩选区"对话框　　　　图 3.2.11　选区的收缩效果

3.2.4 填充选区

利用填充命令可以在创建的选区内部填充颜色或图案。下面通过一个例子介绍填充命令的使用方法，具体的操作步骤如下：

（1）打开一幅图像文件，使用快速选择工具创建一个选区，效果如图 3.2.12 所示。

（2）选择 编辑(E) → 填充(L)... 命令，弹出"填充"对话框，如图 3.2.13 所示。

图 3.2.12　创建选区　　　　　　　　图 3.2.13　"填充"对话框

（3）在 使用(U): 下拉列表中可以选择填充时所使用的对象。

（4）在 自定图案: 下拉列表中可以选择所需要的图案样式。该选项只有在 使用(U): 下拉列表中选择 "图案"选项后才能被激活。

（5）在 模式(M): 下拉列表中可以选择填充时的混合模式。

（6）在 不透明度(O): 文本框中输入数值，可以设置填充时的不透明程度。

（7）选中 ☑ 保留透明区域(P) 复选框，填充时将不影响图层中的透明区域。

（8）设置完成后，单击 确定 按钮即可填充选区，如图 3.2.14 所示为使用前景色和图案填充选区效果。

图 3.2.14　填充选区效果

3.2.5 描边选区

利用描边命令可以为创建的选区进行描边处理。下面通过一个例子来介绍描边命令的使用方法，具体的操作步骤如下：

（1）使用磁性套索工具在图像中创建选区，选择 编辑(E) → 描边(S)... 命令，弹出"描边"对话框。

中文 Photoshop CS4 图像处理教程

（2）在 宽度(W): 文本框中输入数值，设置描边的边框宽度。

（3）单击 颜色: 后的颜色框，可从弹出的"拾色器"对话框中选择合适的描边颜色。

（4）在 位置 选项区中可以选择描边的位置，从左到右分别为位于选区边框的内边界、边界中和外边界。

（5）设置完成后，单击 确定 按钮，即可对创建的选区进行描边，效果如图3.2.15所示。

图 3.2.15　描边选区效果

3.2.6　变换选区

选择 选择(S) → 变换选区(T) 命令，图像选区周围出现一个调节框，如图3.2.16所示。

图 3.2.16　选区调节框

此时，在属性栏位置出现自由变换属性栏，如图3.2.17所示。

图 3.2.17　"自由变换"属性栏

W:100.0% H:100.0%：用户可以在文本框中输入数值，设定宽度和高度的缩放比例。

0.0 度：用户可以在该文本框中输入数值，设定旋转的角度。

H:0.0 度 V:0.0 度：用户可以在文本框中输入数值，设定水平斜切和垂直斜切的角度。

：单击该按钮，可以在自由变换和变形模式之间切换，如图3.2.18所示。

图 3.2.18　选区的自由变换模式和变形模式

50

🚫：单击该按钮，表示取消对选区的自由变换。

✔：单击该按钮，表示确认对选区的自由变换。

除了可以在属性栏中输入数值来设置自由变换的属性外，还可以直接在图像中拖动鼠标，对图像进行自由变换。其具体操作如下：

（1）将鼠标移动至选区调节框中的调节点处，当鼠标光标显示为 ↻ 形状时，拖动鼠标即可旋转选区，效果如图 3.2.19 所示。当鼠标光标显示为 ↙ 形状时，可对图像的选区进行任意缩放，效果如图 3.2.20 所示。

图 3.2.19 选区的旋转   图 3.2.20 选区的缩小

（2）按住"Ctrl+Shift"键，将鼠标光标移动至选区调节框中的调节点处，可对图像的选区进行水平方向或垂直方向的斜切变形，如图 3.2.21 所示。

图 3.2.21 选区的水平斜切和垂直斜切

（3）按住"Ctrl"键，将鼠标光标移动至选区调节框中的调节点处，可对图像的选区进行任意扭曲变形，如图 3.2.22 所示。

图 3.2.22 选区的扭曲

（4）按住"Ctrl+Shift+Alt"键，将鼠标移动至调节框中的调节点处，可以对图像的选区进行水平方向或垂直方向的扭曲变形，如图 3.2.23 所示。

图 3.2.23　选区的水平扭曲和垂直扭曲

3.2.7　反向选区

利用反向命令可以将当前图像中的选区和非选区进行互换。用户可通过以下 3 种方法来对选区进行反向。

（1）在图像中创建选区，选择 选择(S) ▸ 反向(I) 命令来实现。

（2）按"Ctrl+Shift+I"键，也可反向选区。

（3）在图像选区内单击鼠标右键，在弹出的快捷菜单中选择 选择反向 命令，即可反向选区，效果如图 3.2.24 所示。

图 3.2.24　反向选区效果图

3.2.8　扩大选取

利用扩大选取命令可以在原有选区的基础上使选区在图像上延伸，将连续的、色彩相似的图像一起扩充到选区内，还可以更灵活地控制选区。使用快速选择工具创建一个选区，然后选择 选择(S) ▸ 扩大选取(G) 命令，效果如图 3.2.25 所示。

图 3.2.25　扩大选取效果图

3.2.9　选取相似

利用选取相似命令可将选择的区域在图像上延伸,把图像中所有不连续的且与原选区颜色相近的区域选取。使用快速选择工具创建选区,然后选择 选择(S) ➝ 选取相似(R) 命令,效果如图 3.2.26 所示。

图 3.2.26　选取相似效果图

3.2.10　取消选择

若要将创建的选区取消,可选择菜单栏中的 选择(S) ➝ 取消选择(D) 命令,或按"Ctrl+D"键,即可取消选取。

3.3　柔　化　选　区

创建不规则选区,其边界处会出现许多锯齿,为了使这些不规则选区平滑并尽可能地消除选区边界的锯齿以产生柔和的效果,可使用 Photoshop CS4 提供的羽化功能。通过设置羽化半径,可对边缘锯齿状的选区进行平滑处理。

3.3.1　羽化

羽化是通过创建选区与其周边像素的过渡边界,使边缘模糊,产生融合的效果,如图 3.3.1 所示。此模糊会造成选区边缘上一些细节的丢失。要使用羽化功能,在魔棒工具、矩形选框工具、套索工具属性栏中的 羽化: 输入框中输入一个羽化数值即可,其取值范围在 1~250 之间。

图 3.3.1　融合图像效果

3.3.2　消除锯齿

Photoshop 中的图像是由像素组合而成的,而像素实际上是一个个正方形的色块,因此在图像中有斜线或圆弧的部分就容易产生锯齿状的边缘，分辨率越低锯齿就越明显。

消除锯齿可以通过柔化每个像素与背景像素间的颜色过渡，使选区的锯齿状边缘变得比较平滑。由于只改变边缘像素，不会丢失细节，因此在复制、粘贴选区创建复合图像时，消除锯齿非常有用。消除锯齿通过部分填充文字的边缘像素，可以产生边缘光滑的文字，文字的边缘会混合到背景中。要使用消除锯齿功能，只需要在各种创建选区的工具属性栏中选中 ☑消除锯齿 复选框即可。

3.3.3 设置现有选区的羽化边缘

设置羽化边缘的具体操作方法如下：

（1）打开一幅需要处理的图像，如图 3.3.2 所示。

（2）单击工具箱中的"椭圆选框工具"按钮 ◯，在图像中拖动鼠标创建一个椭圆选区，效果如图 3.3.3 所示。

图 3.3.2 打开的图像

图 3.3.3 创建的椭圆选区

（3）选择菜单栏中的 选择(S) → 修改(M) → 羽化(F)... 命令，或按"Shift+F6"键，弹出 羽化选区 对话框，在此对话框中设置羽化半径，如图 3.3.4 所示。

（4）单击 确定 按钮，可将选区羽化 10 个像素。

（5）按"Ctrl+Shift+I"键反选选区，再按"Delete"键删除反选区域中的图像。

（6）按"Ctrl+D"键取消选区，即得到如图 3.3.5 所示的效果。

图 3.3.4 "羽化选区"对话框

图 3.3.5 羽化边缘效果

3.4 存储与载入选区

使用完选区之后，可以将它保存起来，以备以后重复使用。存储后的选区将会作为一个蒙版显示在通道面板中，当需要使用时可以从通道面板中载入。

3.4.1 存储选区

存储选区是将当前图像中的选区以 Alpha 通道的形式保存起来，具体的操作方法如下：

（1）使用快速选择工具创建一个选区，效果如图 3.4.1 所示。

（2）选择菜单栏中的 选择(S) → 存储选区(V)... 命令，弹出 存储选区 对话框，如图 3.4.2 所示。

图 3.4.1 创建的选区

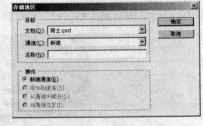

图 3.4.2 "存储选区"对话框

（3）在该对话框中设置各项参数，在 名称(N): 输入框中输入新通道的名称"骑士"。

（4）单击 确定 按钮，即可保存选区，如图 3.4.3 所示。

图 3.4.3 保存选区

3.4.2 载入选区

如果要将存储的选区载入使用，其具体操作步骤如下：

（1）选择菜单栏中的 选择(S) → 载入选区(L)... 命令，弹出 载入选区 对话框，如图 3.4.4 所示。

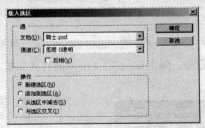

图 3.4.4 "载入选区"对话框

（2）在该对话框中设置各参数，其含义如下：

1）在 文档(D): 下拉列表中可选择图像的文件名，即从哪一个图像中载入的。

2）在 通道(C): 下拉列表中可选择通道的名称，即载入哪一个通道中的选区。

3）在 操作 选项区中，选中 ⊙ 新建选区(N) 单选按钮，可将所选的通道作为新的选区载入到当前图像中；选中 ⊙ 添加到选区(A) 单选按钮，可将载入的选区与原有选区相加；选中 ⊙ 从选区中减去(S) 单选按钮，可将载入的选区从原有选区中减去；选中 ⊙ 与选区交叉(I) 单选按钮，可使载入的选区与原有选区交叉重叠在一起。

（3）设置好参数后，单击 确定 按钮，即可载入选区。

3.5 典型实例——绘制按钮

本节综合运用前面所学的知识绘制按钮，最终效果如图 3.5.1 所示。

图 3.5.1 最终效果图

操作步骤

（1）按 "Ctrl＋N" 键，弹出 "新建" 对话框，设置参数如图 3.5.2 所示，单击 确定 按钮，新建一个图像文件。

（2）新建 "图层 1"，单击工具箱中的 "椭圆选框工具" 按钮 ○，在按住 "Shift" 键的同时拖动鼠标，在图像中创建椭圆选区，如图 3.5.3 所示。

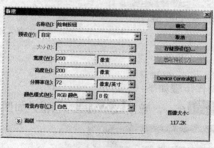

图 3.5.2 "新建" 对话框

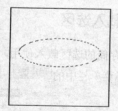

图 3.5.3 创建椭圆选区

（3）选择 窗口(W) → 样式 命令，弹出如图 3.5.4 所示的样式面板，从中选择需要的样式，填充效果如图 3.5.5 所示。

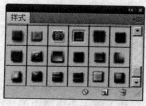

图 3.5.4 样式面板

图 3.5.5 填充效果图

（4）单击工具箱中的"文本工具"按钮 T，其属性栏设置如图 3.5.6 所示。

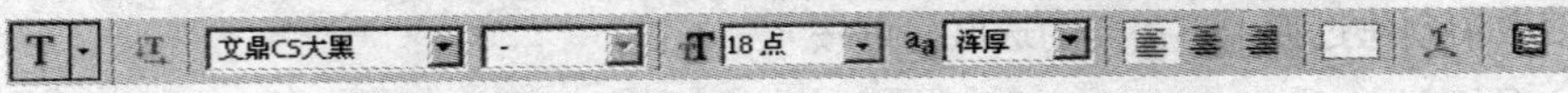

图 3.5.6 "文本工具"属性栏

（5）设置完成后，在图像中输入黑色的文字"下一步"，然后将背景层填充为黄色，最终效果如图 3.5.1 所示。

本 章 小 结

本章主要介绍了选区的创建与编辑，包括创建选区、编辑选区、柔化选区以及存储与载入选区等内容，通过本章的学习，读者应掌握各种创建选区工具的使用方法与技巧，并且能够熟练地对选区进行各种变换等操作。

过 关 练 习

一、填空题

1. 选框工具包括_____、_____、_____和_____。
2. 套索工具包括_____、_____和_____。
3. 使用_____命令可以对当前选区的边角进行圆滑处理，使选区变得平滑且连续。
4. _____是通过创建选区与其周边像素的过渡边界，使边缘模糊，产生融合的效果。
5. 使用_____工具可以选择图像内色彩相同或相近的区域。
6. 选择_____命令，可使变换框在保持原矩形的情况下，调整选区的尺寸和长宽比例。按住_____键拖动变换框，则可按比例缩放。

二、选择题

1. 使用（　）命令可以在当前选区的基础上创建一个环状的选区。
   - （A）收缩
   - （B）反选
   - （C）边界
   - （D）扩展
2. 使用椭圆选框工具绘制选区时，按住（　）键可绘制正圆选区。
   - （A）Shift
   - （B）Ctrl
   - （C）Shift+Alt
   - （D）Alt
3. 修改选区的命令包括（　）种。
   - （A）5
   - （B）4
   - （C）3
   - （D）2
4. 如果要将图像中多余的部分裁掉，可以使用（　）。
   - （A）剪切工具
   - （B）矩形选框工具
   - （C）魔棒工具
   - （D）移动工具
5. 利用（　）命令可以将当前图像中的选区和非选区进行相互转换。
   - （A）反向
   - （B）平滑

（C）羽化   （D）边界

6．若要取消制作过程中不需要的选区，可按（ ）键。

  （A）Ctrl+N   （B）Ctrl+D

  （C）Ctrl+O   （D）Ctrl+Shift+I

三、简答题

1．在 Photoshop CS4 中，如何变换和平滑选区？

2．如何柔化选区的边缘？

3．如何对选区进行存储和载入操作？

四、上机操作题

1．打开一幅图像，使用选框工具创建选区，再对选区进行添加、删减、反选与取消等操作。

2．使用本章所学的任意一个创建选区工具在图像中创建选区，然后对创建的选区进行存储和载入操作。

3．打开一幅图像，利用魔棒工具和套索工具在图像中创建选区。

第4章 绘制与编辑图像

章前导航

在 Photoshop CS4 中创作一幅作品时，需要绘制一些图像或对图像进行一些编辑与修饰等操作，以达到满意的效果。本章主要介绍 Photoshop CS4 中绘图工具、编辑与修饰图像工具的使用方法和技巧。

本章要点

➡ 绘图工具

➡ 图像的基本编辑

➡ 图像的特殊编辑

➡ 裁切图像

➡ 擦除图像

➡ 撤销与还原图像

4.1　绘　图　工　具

绘图是制作图像的基础，利用描绘图像工具可以直接在绘图区中绘制图形。绘图的基本工具包括画笔工具和铅笔工具，此外还可以使用历史记录画笔工具和历史记录艺术画笔工具来绘制图像。

4.1.1　画笔工具

画笔工具是 Photoshop CS4 中最基本的绘图工具，可用于创建图像内柔和的色彩线条或者黑白线条，如图 4.1.1 所示。

图 4.1.1　使用画笔工具绘制图像

1. 画笔的功能

单击工具箱中的"画笔工具"按钮 ，此时属性栏中显示画笔工具的参数设置，如图 4.1.2 所示。

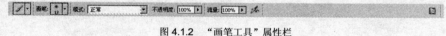

图 4.1.2　"画笔工具"属性栏

在 **画笔:** 下拉列表中可以选择不同大小的画笔。

在 **流量:** 输入框中输入数值，可设置画笔绘制时的流量，数值越大画笔颜色越深。

在 **不透明度:** 输入框中输入数值，可设置绘图颜色对图像的掩盖程度。当不透明度值为"100%"时，绘图颜色完全覆盖图像，当不透明度值为"1%"时，绘图颜色基本上是透明的。

在属性栏中单击"切换画笔面板"按钮 ，或按"F5"键可打开画笔面板，在此面板中也可以选择画笔，如图 4.1.3 所示。

在画笔面板中选择一种画笔后，在图像中拖动鼠标即可绘制出不同效果的图像，如图 4.1.4 所示。

图 4.1.3　画笔面板

图 4.1.4　使用不同画笔绘制的效果

2．新建与自定义画笔

尽管 Photoshop CS4 提供了很多类型的画笔，但在实际应用中并不能满足需要。因此，可以通过画笔面板创建新画笔进行图像绘制，具体的操作方法如下：

（1）在画笔面板中单击右上角的 按钮，可从弹出的面板菜单中选择 新建画笔预设... 命令，弹出 画笔名称 对话框，如图 4.1.5 所示。在 名称: 输入框中输入新画笔的名称，单击 确定 按钮，即可建立一个新画笔。

（2）对新建的画笔设置参数。先选中要设置的画笔，在 直径 输入框中输入数值，调整画笔直径，如图 4.1.6 所示。

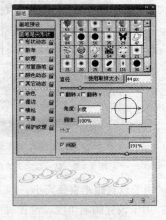

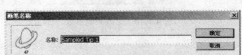

图 4.1.5　"画笔名称"对话框　　　　　　　　　图 4.1.6　设置画笔直径

在 Photoshop CS4 中，用户可以自定义一些特殊形状的画笔，例如将图像中的某个区域或一个文字定义成一个画笔。具体的操作方法如下：

（1）打开一幅图像，使用椭圆选框工具在图像中框选需要定义画笔的区域，如图 4.1.7 所示。

（2）选择菜单栏中的 编辑(E) → 定义画笔预设(B)... 命令，可弹出 画笔名称 对话框，如图 4.1.8 所示，在 名称: 输入框中输入画笔名称，单击 确定 按钮。

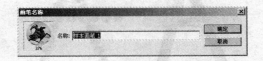

图 4.1.7　选择图像中的某一区域　　　　　　　图 4.1.8　"画笔名称"对话框

（3）此时，可在画笔面板中显示出自定义的新画笔，如图 4.1.9 所示。

定义特殊画笔时，只能定义画笔形状，而不能定义画笔颜色。这是因为用画笔绘图时的颜色都是由前景色来决定的。

3. 更改画笔设置

不管是新建的画笔，还是系统自带的画笔，其画笔直径、间距以及硬度等都不一定符合绘画的需求，因此需要对画笔进行设置。

选择画笔工具后，在画笔面板左侧选择 `画笔笔尖形状` 选项，可显示出该选项参数，如图 4.1.10 所示，然后在面板右上方选择要进行设置的画笔，再在下方设置画笔的大小抖动、最小直径、角度抖动以及圆度抖动等选项。

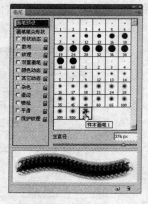

图 4.1.9　显示新定义的画笔

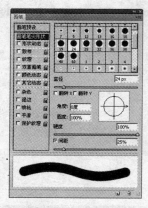

图 4.1.10　更改画笔参数

`直径`：用于设置画笔直径大小。

`角度`：用于设置画笔角度。设置时可在此输入框中输入 0～100%之间的数值来设置，或用鼠标拖动其右侧框中的箭头进行调整。

`圆度`：用于控制椭圆画笔长轴和短轴的比例。

`☑间距`：用于控制绘制线条时两个绘制点之间的中心距离。范围在 1%～1000%。数值为 25%时，能绘制比较平滑的线条；数值为 200%时，绘制出的是断断续续的圆点，如图 4.1.11 所示。

除了上述参数设置外，用户还可以设置画笔的其他效果。在画笔面板左侧选中 `☑纹理` 复选框，此时面板显示如图 4.1.12 所示，在此选项中可以设置画笔的纹理效果。

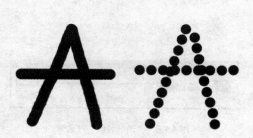

图 4.1.11　不同间距绘制的线条

图 4.1.12　选中"纹理"复选框时的面板

此外，用户还可以在画笔面板中设置 `☑散布` 、 `☑双重画笔` 、 `☑其他动态` 与 `☑颜色动态` 等选项中的参数来定义画笔效果。

4.1.2 铅笔工具

铅笔工具用于创建类似硬边手画的直线，线条比较尖锐，对位图图像特别有用。其使用方法与画笔工具类似，单击工具箱中的"铅笔工具"按钮 ✐，其属性栏显示如图 4.1.13 所示。

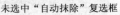

图 4.1.13　"铅笔工具"属性栏

铅笔工具属性栏和画笔工具相比，多了一个 ☑自动抹除 复选框，此功能是铅笔工具的特殊功能。选中此复选框，所绘制效果与鼠标单击起始点的像素有关，当鼠标起始点的像素颜色与前景色相同时，铅笔工具可表现出橡皮擦功能，并以背景色绘图；如果绘制时鼠标起始点的像素颜色不是前景色，则所绘制的颜色是前景色，效果如图 4.1.14 所示。

未选中"自动抹除"复选框　　　　　　选中"自动抹除"复选框

图 4.1.14　使用铅笔工具绘图效果

提示：按住"Shift"键的同时单击"铅笔工具"按钮 ✐，在图像中拖动鼠标可绘制直线。

4.1.3 历史记录画笔工具

使用历史记录画笔工具可以将处理后的图像恢复到指定状态，该工具必须结合历史记录面板来进行操作。历史记录画笔工具属性栏如图 4.1.15 所示。

图 4.1.15　"历史记录画笔工具"属性栏

历史记录画笔工具属性栏中各选项含义与画笔工具相同，使用历史记录画笔工具和历史记录面板对图像进行恢复的方法如下：

（1）打开一幅图像，使用椭圆选框工具在图像中绘制选区，设置前景色为"白色"，按"Alt+Delete"键填充选区，效果如图 4.1.16 所示。

（2）设置前景色与背景色都为红色，单击工具箱中的"画笔工具"按钮 ✐。

（3）在属性栏中设置画笔的大小、样式、不透明度以及流量，然后将鼠标移至图像中按住鼠标左键拖动绘制图像，效果如图 4.1.17 所示。

（4）选择菜单栏中的 窗口(W) → 历史记录 命令，打开历史记录面板，此时历史记录面板显示如图 4.1.18 所示。

图 4.1.16　绘制并填充椭圆选区

图 4.1.17　使用画笔工具绘制图像效果

（5）单击工具箱中的"历史记录画笔工具"按钮 ，然后在历史记录面板中的"打开"列表前单击 图标，可设置历史记录画笔的源，此时小方块内会出现一个历史画笔图标，如图 4.1.19 所示。

图 4.1.18　历史记录面板

图 4.1.19　设置历史记录的源

（6）在历史记录画笔工具属性栏中设置好画笔的大小，按住鼠标左键在图像中需要恢复的区域来回拖动，此时可看到图像将回到打开状态时所显示的图像，效果如图 4.1.20 所示。

图 4.1.20　使用历史记录画笔工具恢复的图像

历史记录画笔工具和画笔工具一样，都是绘图工具，但它们又有其独特的作用。历史记录画笔工具不仅可以非常方便地恢复图像至任意操作，而且还可以结合属性栏中的笔刷形状、不透明度和色彩混合模式等选项制作出特殊的效果。使用此工具必须结合历史记录面板，此工具比历史记录面板更具灵活性，可以有选择地恢复到图像的某一部分。

4.1.4　历史记录艺术画笔工具

历史记录艺术画笔工具可利用指定的历史状态或快照作为绘画来源绘制各种艺术效果。单击工具箱中的"历史记录艺术画笔工具"按钮 ，可以根据属性栏中提供的多种样式对图像进行多种艺术效果处理，如图 4.1.21 所示。

原图　　　　　　　　　　　　　　　　　效果图

图 4.1.21 使用历史记录艺术画笔工具的效果

4.2 图像的基本编辑

　　图像的基本编辑包括图像的剪切、复制、粘贴、移动、删除和变换等，这些编辑命令只对当前选区中的内容有效。通过这些基本的编辑操作，可使用户快速创建多个相同的图像或改变图像的位置，删除图像中不必要的部分，从而减小文件大小，提高工作效率。

4.2.1 复制与粘贴图像

　　图像的复制和粘贴可以在同一幅图像中进行，也可在不同的图像中进行。下面通过一个例子来介绍图像的复制和粘贴方法，具体的操作步骤如下：

　　（1）打开一幅图像文件，并在图像中需要复制的部分创建选区，如图 4.2.1 所示。

　　（2）选择 编辑(E) → 拷贝(C) 命令，对选区内的图像进行复制，再打开另一幅图像，然后选择 编辑(E) → 粘贴(P) 命令，将复制的选区内的图像进行粘贴，效果如图 4.2.2 所示。

图 4.2.1 打开图像并创建选区　　　　　　图 4.2.2 复制粘贴后的图像

　　　　技巧：按"Ctrl+C"键可对选区内的图像进行复制，按"Ctrl+V"键可将复制的图像进行粘贴。

4.2.2 移动图像

　　在 Photoshop CS4 中，用户可将选区内的图像移动到某一指定的位置或将整个图像移动。具体操作方法如下：

（1）打开一幅图像，单击工具箱中的"椭圆选框工具"按钮，在需要移动的图像位置处创建选区。

（2）单击工具箱中的"移动工具"按钮，其属性栏如图 4.2.3 所示。

图 4.2.3 "移动工具"属性栏

（3）选中"自动选择"复选框中的"图层"选项，移动工具可以自动切换工作图层。

（4）选中"自动选择"复选框中的"组"，移动工具可以自动切换工作组。

（5）选中"显示变换控件"复选框，创建的选区将会显示变换框，此时用户可对选区内的图像进行旋转和缩放调整。

（6）设置完成后，将鼠标移至选区内按住鼠标左键将其拖动到另一个位置，松开鼠标，即可将选区内的图像移动，如图 4.2.4 所示。

图 4.2.4 移动图像效果

4.2.3 删除图像

在处理图像时，如果需要对图像中某一部分进行删除，首先应在图像中需要删除的部分建立选区，然后再选择"编辑（E）"→"清除（E）"命令即可删除图像。

4.2.4 变换图像

若要将图像进行变形，可利用"编辑（E）"菜单中的"自由变换（F）"和"变换（A）"两个命令来完成。下面具体进行介绍。

1. 自由变换命令

Photoshop CS4 新增了许多图像变形样式，利用自由变换命令除了可以对图像进行旋转、缩放和翻转外，还可以对其进行各种变形操作。其具体的操作方法如下：

（1）打开一幅图像，在其中创建选区，选择"编辑（E）"→"自由变换（F）"命令，在图像周围显示控制框，如图 4.2.5 所示。

（2）将鼠标指针放置于控制框周围的节点上，当指针变为 ↔，↕，↗ 或 ↘ 形状后单击并拖动鼠标，即可将图像放大或缩小，如图 4.2.6 所示。

图 4.2.5 打开图像并执行自由变换命令　　　　图 4.2.6 放大图像

（3）将鼠标指针置于在控制框周围角点以外，当指针变为 ↷ 形状后单击并拖动鼠标可旋转图像，如图 4.2.7 所示。

另外，执行自由变换命令以后，在其属性栏中增加了一个"变形图像"按钮 ，单击此按钮，其属性栏将会显示一个 变形： 自定 选项，单击其右侧的三角形按钮 ，可弹出新增加的变形图像下拉列表，如图 4.2.8 所示。

图 4.2.7 旋转图像　　　　图 4.2.8 变形图像下拉列表

现在列举几种图像变形效果，如图 4.2.9 所示。

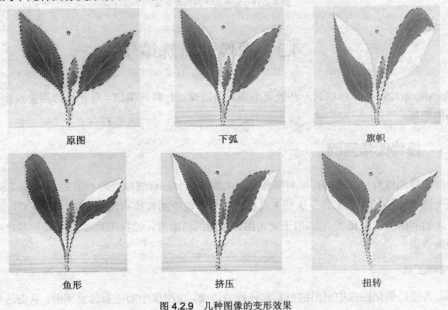

原图　　　　下弧　　　　旗帜

鱼形　　　　挤压　　　　扭转

图 4.2.9 几种图像的变形效果

技巧：按 "Enter" 键也可确认变换操作。

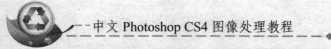

2．变换命令

利用变换命令可对选区内的图像进行扭曲、斜切、旋转或翻转等操作。选择 编辑(E) → 变换 命令，弹出如图 4.2.10 所示的子菜单。注意，如果当前图像中具有活动选区，则操作时只对当前选区内的图像有效；如果没有活动选区，则变换操作将只对当前层中的图像起作用。

图 4.2.10　变换命令子菜单

变换选区内图像的方法和变换选区的方法相同，如图 4.2.11 所示为使用 变换 子菜单中的 斜切(K) 、 扭曲(D) 和 透视(P) 命令调整选区内的图像效果。

斜切选区内图像　　　　扭曲选区内图像　　　　透视选区内图像

图 4.2.11　变换选区内图像效果

4.3　图像的特殊编辑

在 Photoshop CS4 中，可以对一些效果不满意的图像进行特殊编辑，包括修饰图像画面以及修复图像画面的瑕疵。

4.3.1　修饰图像画面

在处理图像的过程中，有时需要对图像画面的细节部分进行细微处理。在 Photoshop CS4 中提供了多个用于图像画面处理的工具，这些工具都位于工具箱中的修饰画面工具中。模糊工具用于降低图像画面的清晰度，锐化工具用于突出图像画面的清晰度，涂抹工具用于使图像产生被涂抹过的水彩画效果。

1．模糊工具

模糊工具可以柔化图像中突出的色彩和较硬的边缘，使图像中的色彩过渡平滑，从而达到模糊图像的效果。单击工具箱中的"模糊工具"按钮，其属性栏如图 4.3.1 所示。

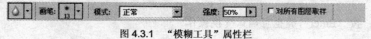

图 4.3.1　"模糊工具"属性栏

在 模式: 下拉列表中可以设置画笔的模糊模式，包括 正常 、 变暗 、 变亮 、 色相 、 饱和度 、 颜色 和 明度 。

在 强度: 输入框中可以设置图像处理的模糊程度，数值越大，其模糊效果就越明显。

选中 ☑ 对所有图层取样 复选框，模糊处理可以对所有图层中的图像进行操作；若不选中该复选框，模糊处理只能对当前图层中的图像进行操作。

首先打开一幅图像，在其属性栏中设置画笔大小、模式和模糊的强度，然后再将鼠标光标移至图像上单击并拖动即可。如图 4.3.2 所示为对图像的画面进行模糊处理的效果。

图 4.3.2　利用模糊工具处理图像效果

2. 锐化工具

锐化工具与模糊工具功能恰好相反，即通过增加图像相邻像素间的色彩反差使图像的边缘更加清晰。单击工具箱中的"锐化工具"按钮 △，其属性栏与模糊工具相同，这里不再赘述。然后在图像中需要修饰的位置单击并拖动鼠标，即可使图像边缘变得更加清晰，效果如图 4.3.3 所示。

图 4.3.3　利用锐化工具处理图像效果

3. 涂抹工具

涂抹工具可以模拟手指涂抹绘制的效果，在图像上以涂抹的方式融合附近的像素，创造柔和或模糊的效果。单击工具箱中的"涂抹工具"按钮 ，其属性栏如图 4.3.4 所示。

图 4.3.4　"涂抹工具"属性栏

该属性栏中的选项与锐化工具的属性栏基本相同。选中 ☑ 手指绘画 复选框，可以设置涂抹的颜色，即在图像中涂抹时用前景色与图像中的颜色混合；如果不选中此复选框，涂抹工具使用的颜色则来自每一笔起点处的颜色。选中 ☑ 对所有图层取样 复选框，用于所有图层，可利用所有可见图层中的颜色数据来进行涂抹；若不选中此复选框，则涂抹工具只使用当前图层的颜色。

如图 4.3.5 所示为对图像的画面进行涂抹处理的效果。

图 4.3.5 利用涂抹工具处理图像效果

4. 减淡工具

利用减淡工具可以对图像中的暗调进行处理，增加图像的曝光度，使图像变亮。单击工具箱中的"减淡工具"按钮，其属性栏如图 4.3.6 所示。

图 4.3.6 "减淡工具"属性栏

范围：下拉列表用于设置减淡工具所用的色调。其中 中间调 选项用于调整中等灰度区域的亮度；阴影 选项用于调整阴影区域的亮度；高光 选项用于调整高亮度区域的亮度。

曝光度：文本框用于设置图像的减淡程度，其取值范围为 0～100%，输入的数值越大，对图像减淡的效果就越明显。

当需要对图像进行亮度处理时，可先打开一幅图像，然后单击需要减淡的图像部分即可将图像的颜色进行减淡处理，如图 4.3.7 所示为对图像的进行减淡处理的效果。

图 4.3.7 利用减淡工具处理图像效果

注意：在减淡工具属性栏的"画笔"下拉列表中包含着许多不同类型的画笔样式。选择边缘较柔和的画笔样式进行操作，可以产生曝光度变化比较缓和的效果；选择边缘较生硬的画笔样式进行操作，可以产生曝光度比较强烈的效果。

5. 加深工具

加深工具可以改变图像特定区域的曝光度，使图像变暗。单击工具箱中的"加深工具"按钮，其属性栏如图 4.3.8 所示。

图 4.3.8 "加深工具"属性栏

在 范围：下拉列表中可以选择 阴影 、中间调 与 高光 选项。

在 曝光度: 输入框中输入数值，可设置图像曝光的强度。

当需要降低图像的曝光度时，可先打开一幅图像，然后单击需要加深的图像部分即可将图像的颜色进行加深，如图 4.3.9 所示为对图像的进行加深处理的效果。

图 4.3.9　利用加深工具处理图像效果

6．海绵工具

使用海绵工具可以调整图像的饱和度。在灰度模式下，通过使灰阶远离或靠近中间灰度色调来增加或降低图像的对比度。单击工具箱中的"海绵工具"按钮 ，其属性栏如图 4.3.10 所示。

图 4.3.10　"海绵工具"属性栏

该属性栏中的 模式 下拉列表用于设置饱和度调整模式。其中 降低饱和度 模式可降低图像颜色的饱和度，使图像中的灰度色调增强； 饱和 模式可增加图像颜色的饱和度，使图像中的灰度色调减少。如图 4.3.11 所示为应用降低饱和度模式后的效果。

图 4.3.11　利用海绵工具处理图像效果

4.3.2　修复图像画面的瑕疵

Photoshop CS4 提供了仿制图章工具、污点修复画笔工具、修复画笔工具、修补工具和红眼工具等多个用于修复图像的工具。利用这些工具，用户可以有效地清除图像上的杂质、刮痕和褶皱等图像画面的瑕疵。

1．仿制图章工具

仿制图章工具一般用来合成图像，它能将某部分图像或定义的图案复制到其他位置或文件中进行修补处理。单击工具箱中的"仿制图章工具"按钮 ，其属性栏如图 4.3.12 所示。

图 4.3.12　"仿制图章工具"属性栏

用户在其中除了可以选择笔刷、不透明度和流量外，还可以设置下面两个选项。

在 画笔: 右侧单击 下拉按钮，可从弹出的画笔预设面板中选择图章的画笔形状及大小。

选中 对齐 复选框，在复制图像时，不论中间停止多长时间，再按下鼠标左键复制图像时都不会间断图像的连续性；如果不选中此复选框，中途停下之后再次开始复制时，就会以再次单击的位置为中心，从最初取样点进行复制。因此，选中此复选框可以连续复制多个相同的图像。

选择仿制图章工具后，按住"Alt"键用鼠标在图像中单击，选中要复制的样本图像，然后在图像的目标位置单击并拖动鼠标即可进行复制，效果如图 4.3.13 所示。

图 4.3.13　使用仿制图章工具复制图像效果

2．图案图章工具

图案图章工具可利用预先定义的图案作为复制对象进行复制，将定义的图案复制到图像中。单击工具箱中的"图案图章工具"按钮 ，其属性栏如图 4.3.14 所示。

图 4.3.14　"图案图章工具"属性栏

在属性栏中单击 下拉按钮，可在弹出的下拉列表中选择需要的图案。

选中 印象派效果 复选框，可对图案应用印象派艺术效果，复制时图案的笔触会变得扭曲、模糊。

选择图案图章工具后，在其属性栏中设置各项参数，然后在图像中的目标位置单击鼠标左键并来回拖曳即可，效果如图 4.3.15 所示。

图 4.3.15　使用图案图章工具描绘图像效果

3．污点修复画笔工具

污点修复画笔工具可以快速地修复图像中的污点以及其他不够完美的地方。污点修复画笔工具的工作原理与修复画笔工具相似，它从图像或图案中提取样本像素来涂改需要修复的地方，使需要修改的地方与样本像素在纹理、亮度和透明度上保持一致。单击工具箱中的"污点修复画笔工具"按钮 ，其属性栏如图 4.3.16 所示。

图 4.3.16　"污点修复画笔工具"属性栏

在 类型：选项区中可以选择修复后的图像效果，包括 近似匹配 和 创建纹理 两个单选按钮，修复时选中 近似匹配 单选按钮，则使用选区边缘周围的像素来查找要用做选定区域修补的图像；修复时选中 创建纹理 单选按钮，则使用选区中的所有像素创建用于修复该区域的纹理。

选择污点修复画笔工具，然后在图像中想要去除的污点上单击或拖曳鼠标，即可将图像中的污点消除，而且被修改的区域可以无缝混合到周围图像环境中，效果如图 4.3.17 所示。

图 4.3.17　使用污点修复画笔工具修复图像效果

4．修复画笔工具

使用修复画笔工具在复制或填充图案的时候，会将取样点的像素自然融入复制到的图像位置，而且还可以将样本的纹理、光照、透明度和阴影与所修复的图像像素进行匹配，使被修复的图像和周围的图像完美结合。单击工具箱中的"修复画笔工具"按钮　，其属性栏如图 4.3.18 所示。

图 4.3.18　"修复画笔工具"属性栏

在 画笔：下拉列表中可设置笔尖的形状、大小、硬度以及角度等。

单击 模式：右侧的 正常 下拉列表框，可从弹出的下拉列表中选择不同的混合模式。

选中 对齐 复选框，会以当前取样点为基准连续取样，这样无论是否连续进行修补操作，都可以连续应用样本像素；若不选中此复选框，则每次停止和继续绘画时，都会从初始取样点开始应用样本像素。

在 源：选项区中提供了两个选项，可用于设置修复画笔工具复制图像的来源。选中 取样 单选按钮，必须按住"Alt"键在图像中取样，然后对图像进行修复，效果如图 4.3.19 所示；选中 图案 单选按钮，可单击　右侧的下拉按钮，从弹出的预设图案样式中选择图案对图像进行修复，效果如图 4.3.20 所示。

图 4.3.19　取样修复　　　　　　　　　图 4.3.20　图案修复

5．修补工具

使用修补工具可以用图像中其他区域或图案中的像素来修补选中的区域，与修复画笔工具一样，

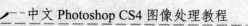

修补工具会将样本像素的纹理、光照和阴影与源像素进行匹配。单击工具箱中的"修补工具"按钮 ，其属性栏如图 4.3.21 所示。

图 4.3.21　"修补工具"属性栏

在 **修补:** 选项区中选中 **源** 单选按钮，拖动图像中的选区到另一个区域，则原选区中的图像会被目标位置处的图像填充。选中 **目标** 单选按钮，拖动图像中的选区到另一个区域，则会用原选区中的图像填充目标选区中的图像。选中 **透明** 复选框，可设置修补区域的透明度。单击 **使用图案** 按钮，可设置修补区域使用图案填充，并将图案融合到背景图像中。

使用修补工具修补图像的效果如图 4.3.22 所示。

图 4.3.22　使用修补工具修补图像效果

6. 红眼工具

使用红眼工具可消除用闪光灯拍摄的人物照片中的红眼，也可以消除用闪光灯拍摄的动物照片中的白色或绿色反光。单击工具箱中的"红眼工具"按钮 ，其属性栏如图 4.3.23 所示。

图 4.3.23　"红眼工具"属性栏

在 **瞳孔大小:** 文本框中，可以设置瞳孔（眼睛暗色的中心）的大小。在 **变暗量:** 文本框中可以设置瞳孔的暗度，百分比越大，则变暗的程度越大。

使用红眼工具消除照片中的红眼效果如图 4.3.24 所示。

图 4.3.24　使用红眼工具修复照片中的红眼效果

4.4　裁 切 图 像

裁切图像是移去整个图像中的部分图像以形成突出或加强构图效果的过程。

可以使用工具箱中的裁切工具来完成裁切图像，其具体的操作如下：

（1）打开一幅需要裁切的图像，单击工具箱中的"裁切工具"按钮 ，在需要裁切的图像中拖动鼠标，创建带有控制点的裁切框，如图 4.4.1 所示。

（2）将光标移至控制点，当光标变成 、 形状时，按住鼠标左键并拖动对裁切框进行旋转、缩放等调节，如图 4.4.2 所示。

图 4.4.1　创建裁切框

图 4.4.2　旋转裁切框

（3）将光标移至裁切框内，光标变成 形状时，按住鼠标左键并拖动，即可将裁切框移动至其他位置。在裁切框内双击鼠标左键，即可裁切图像，如图 4.4.3 所示。

创建裁切框之后，可在其属性栏中选中 透视 复选框，然后用鼠标拖动裁切框上的控制点，将裁切框进行透视变形，如图 4.4.4 所示。

图 4.4.3　裁切图像

图 4.4.4　透视变形裁切框

按住"Alt"键拖动裁切框上的控制点，则可以以原中心点为开始点将裁切框进行缩放；若按住"Shift"键拖动已选定裁切范围的控制点，则可将高与宽等比例缩放；如果按住"Shift+Alt"键拖动已选定裁切范围的控制点，则以原中心点为开始点，将高与宽等比例缩放。

4.5　擦　除　图　像

擦除图像工具组包括橡皮擦工具、背景橡皮擦工具和魔术橡皮擦工具 3 种，如图 4.5.1 所示，现在分别介绍其使用方法。

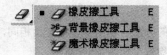
图 4.5.1　橡皮擦工具组

4.5.1 橡皮擦工具

橡皮擦工具可以在擦除图像中的图案或颜色的同时填入背景色，单击工具箱中的"橡皮擦工具"按钮，其属性栏如图 4.5.2 所示。

图 4.5.2 "橡皮擦工具"属性栏

该工具属性栏与画笔工具属性栏基本相同。选中 抹到历史记录 复选框，擦除时橡皮擦工具具有恢复历史操作的功能。

使用橡皮擦工具擦除图像的方法很简单，只须在工具箱中选择此工具，然后在图像中按下并拖动鼠标即可，如果擦除的图像图层被部分锁定时，擦除区域的颜色以背景色取代；如果擦除的图像图层未被锁定，擦除的区域将变成透明的区域，显示出原始背景层。擦除效果如图 4.5.3 所示。

图 4.5.3 使用橡皮擦工具擦除图像效果

4.5.2 背景橡皮擦工具

利用背景橡皮擦工具对图像中的背景层或普通图层进行擦除，可将背景层或普通图层擦除为透明图层。单击工具箱中的"背景橡皮擦工具"按钮，其属性栏如图 4.5.4 所示。

图 4.5.4 "背景橡皮擦工具"属性栏

在 按钮组中，用户可以设置颜色取样的模式，从左至右分别是连续的、一次、背景色板 3 种模式。

在 限制: 下拉列表中可选择背景橡皮擦工具所擦除的范围。

在 容差: 文本框中输入数值，可设置在图像中要擦除颜色的精度。此值越大，可擦除颜色的范围就越大，否则可擦除颜色的范围就越小。

选中 保护前景色 复选框，在擦除时，图像中与前景色相匹配的区域将不被擦除。

注意：使用背景橡皮擦工具进行擦除时，如果当前图层是背景层，系统会自动将其转换为普通图层。

使用背景橡皮擦工具擦除图像的方法与使用橡皮擦工具相同，只须移动鼠标到要擦除的位置，然后按下鼠标左键来回拖动即可，擦除效果如图 4.5.5 所示。

图 4.5.5　使用背景橡皮擦工具擦除图像效果

4.5.3　魔术橡皮擦工具

魔术橡皮擦工具和背景色橡皮擦工具功能相同，也是用来擦除背景的。单击工具箱中的"魔术橡皮擦工具"按钮，其属性栏如图 4.5.6 所示。

图 4.5.6　"魔术橡皮擦工具"属性栏

在属性栏中选中 连续 复选框，表示只擦除与鼠标单击处颜色相似的在容差范围内的区域。

选中 消除锯齿 复选框，表示擦除后的图像边缘显示为平滑状态。

在 不透明度 文本框中输入数值，可以设置擦除颜色的不透明度。

在属性栏中设置好各选项后，在图像中需要擦除的地方单击鼠标即可擦除图像，效果如图 4.5.7 所示。

图 4.5.7　使用魔术橡皮擦工具擦除图像效果

4.6　撤销与还原图像

在编辑图像的过程中，如果某一步操作不当，可以进行还原和恢复操作。现在介绍具体操作方法。

1．还原上一次操作

选择 编辑(E) → 还原矩形工具(O) 命令（其中的"矩形工具"代表被还原的操作名称，它会随着不同的操作而改变），即可还原上一次操作。

2．恢复到上一次保存状态

选择 文件(E) → 恢复(V) 命令，可以将图像恢复到上一次保存时的状态。

3. 恢复到历史记录

如果要恢复多步操作，则可以使用"历史记录"面板，该面板会在执行操作的时候记录每一步编辑的操作，用户只要单击其中的某个状态即可恢复到该步。具体的操作步骤如下：

（1）打开一幅图像文件，依次使用修补工具、取消选区命令、亮度/对比度命令和裁剪命令对打开的图像进行操作，此时历史记录面板和编辑后的图像效果如图 4.6.1 所示。

图 4.6.1　历史记录面板和编辑后的图像效果

（2）若要将其恢复到取消选择时的状态，可用鼠标单击历史记录面板中的"取消选择"状态，即可将图像恢复到取消选择状态，如图 4.6.2 所示。

图 4.6.2　恢复到历史记录效果

4.7　典型实例——美化图片效果

本节综合运用前面所学的知识美化图片，最终效果如图 4.7.1 所示。

图 4.7.1　最终效果图

操作步骤

（1）新建一个图像文件，将其背景填充为粉红色，效果如图 4.7.2 所示。

（2）按"Ctrl+O"键，打开一幅图像文件，如图4.7.3所示。

图 4.7.2 填充背景

图 4.7.3 打开的图像文件

（3）单击工具箱中的"移动工具"按钮 ，将其拖动到新建图像中，自动生成"图层 1"，按"Ctrl+T"键执行自由变换命令，调整其大小及位置。

（4）单击工具箱中的"椭圆选框工具"按钮 ，在图像中绘制一个椭圆选区，如图4.7.4所示。

（5）选择菜单栏中的 选择(S) → 修改(M) → 羽化(F)... 命令，弹出"羽化选区"对话框，设置其参数如图4.7.5所示。设置好参数后，单击 确定 按钮。

图 4.7.4 绘制选区

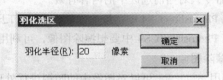

图 4.7.5 "羽化选区"对话框

（6）按"Ctrl+Shift+I"键反选选区，按"Delete"键删除羽化选区图像，效果如图4.7.6所示。

（7）打开一幅乐器图像文件，重复步骤（3）的操作，将其拖曳到新建图像中，如图4.7.7所示。

图 4.7.6 羽化效果

图 4.7.7 复制并调整图像

（8）重复步骤（4）和（5）的操作，对乐器图像进行羽化，然后选择菜单栏中的 编辑(E) → 描边(S)... 命令，弹出"描边"对话框，设置其对话框参数如图4.7.8所示。

（9）设置好参数后，单击 确定 按钮，效果如图4.7.9所示。

图 4.7.8 "描边"对话框

图 4.7.9 描边效果

（10）单击工具箱中的"画笔工具"按钮 ，在图像中的适当位置拖曳鼠标绘制蝴蝶图像，最终效果如图 4.7.1 所示。

本 章 小 结

本章主要介绍了在 Photoshop CS4 中进行图像的绘制与编辑操作，包括绘图工具、图像的基本编辑、图像的特殊编辑、裁切与擦除图像以及撤销与还原图像等内容。通过本章的学习，读者应掌握在 Photoshop CS4 中图像的绘制与编辑技巧，从而制作出更多的图像特效。

过 关 练 习

一、填空题

1．图像的基本编辑包括图像的_____、_____、_____、_____、删除和变换等，这些编辑命令只对当前选区中的内容有效。

2．在 Photoshop CS4 中，按_____键可打开画笔面板。

3．在 Photoshop CS4 中要想擦除图像，可利用工具箱中的_____、_____和_____ 3 种工具来擦除图像。

4．利用_____可以对图像中的暗调进行处理，增加图像的曝光度，使图像变亮。

二、选择题

1．按住（ ）键的同时单击铅笔工具在图像中拖动鼠标可绘制直线。

（A）Shift   （B）Ctrl

（C）Alt   （D）Shift+ Alt

2．利用（ ）工具可以调整图像的饱和度。

（A）海绵   （B）模糊

（C）加深   （D）锐化

3．利用（ ）工具可以快速地移去图像中的污点和其他不理想部分，以达到令人满意的效果。

（A）污点修复画笔   （B）修补

（C）修复画笔   （D）背景橡皮擦

三、简答题

1．如何自定义画笔笔触？

2．修复画笔工具与什么工具相似，可对图像进行什么操作？

3．如何使用修补工具修饰图像？

四、上机操作题

1．在新建图像中使用铅笔工具绘制一幅图像，然后使用图像的变换功能对绘制的图像进行各种变换操作。

2．打开一幅需要处理的照片，使用本章所学的知识对其进行修饰和修复操作。

第 *5* 章 | 图层的使用

章前导航

图层是 Photoshop 软件工作的基础，它是进行图形绘制和处理时常用的重要命令，灵活使用图层可以创建各种各样的图像效果。本章主要介绍图层的功能与使用技巧。

本章要点

- ➡ 图层简介
- ➡ 创建图层
- ➡ 编辑图层
- ➡ 设置图层混合模式
- ➡ 应用图层特殊样式

5.1 图 层 简 介

在 Photoshop 中对图层进行操作是最为频繁的一项工作，通过建立图层，然后在各个图层中分别编辑图像中的各个元素，可以产生既富有层次，又彼此关联的整体图像效果。

5.1.1 图层的概念

在 Photoshop 中，图像是由一个或多个图层组成的，若干个图层组合在一起，就形成了一幅完整的图像。在实际创作中，就是将图画的各个部分分别画在不同的透明纸上，每一张透明纸可以视为一个图层，将这些透明纸叠放在一起，从而得到一幅完整的图像。这些图层之间可以任意组合、排列和合并，在合并图层之前，图层与图层之间彼此独立，但是一个图像文件中的所有图层都具有相同的分辨率、通道数和色彩模式。

在 Photoshop CS4 中可以创建普通图层、背景图层、文本图层、填充图层和调整图层。每种类型的图层都有不同的功能和用途，其含义分别如下：

（1）普通图层：在普通图层中可以设置图层的混合模式、不透明度，还可以对图层进行顺序调整、复制、删除等操作。

（2）背景图层：在 Photoshop 中新建一个图像，此时，图层面板中只显示一个被锁定的图层，该图层即为背景图层。背景图层是一种不透明的图层，作为图像的背景，该图层不能进行混合模式与不透明度的设置。背景图层显示在图层面板的最底层，无法移动背景图层的叠放次序，也不能对其进行锁定操作。但可以将背景图层转换为普通图层，然后就可像普通图层那样进行操作。其具体的转换方法如下：

1）在图层面板中双击背景图层，或选择菜单栏中的 图层(L) → 新建(N) → 背景图层(B)... 命令，弹出"新建图层"对话框，如图 5.1.1 所示。

图 5.1.1 "新建图层"对话框

2）在 名称(N): 输入框中可输入转换为普通图层后的名称，默认为图层 0。也就是说，此时的图层已具有一般普通图层的性质。

3）单击 确定 按钮，即可将背景图层转换为普通图层，如图 5.1.2 所示。

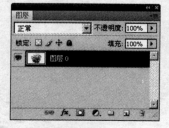

图 5.1.2 转换背景图层为普通图层

在一幅没有背景图层的图像中，也可将指定的普通图层转换为背景图层。在图层面板中选中一个普通图层，然后选择菜单栏中的 图层(L) → 新建(N) → 图层背景(B) 命令即可实现图层转换。

（3）文本图层：文本图层就是使用文字工具创建的图层，文本图层可以单独保存在文件中，还可以反复修改与编辑。文本图层的名称默认为当前输入的文本，以便于区分。

Photoshop 中的大多数功能都不能应用于文本图层，如画笔、橡皮擦、渐变、涂抹工具以及所有的滤镜、填充命令、描边命令等。

如果要在文本图层上使用这些功能，可先将文本图层转换为普通图层。选中文本图层，然后选择菜单栏中的 图层(L) → 栅格化(Z) → 文字(T) 命令，就可以将文本图层转换为普通图层。

（4）填充图层：填充图层是一种带蒙版的图层，可以用纯色、渐变色或图案填充图层，也可设置填充的方向、角度等。填充图层可以随时更换其内容，并且在制作过程中，可以将填充图层转换为调整图层。

（5）调整图层：调整图层是一种比较特殊的图层，它就是在图层上添加一个图层蒙版。通常新建一个调整图层，在图层面板中的图层蒙版的缩览图显示为白色，表示整个图像都没有蒙版覆盖，也就是说调整图层可以对在其下方的图层进行效果调整。如果用黑色填充蒙版的某个范围，则在蒙版缩览图上会相应地产生一块黑色的区域，即这个区域已经被蒙版覆盖。

5.1.2　图层面板

一般在默认状态下，图层面板处于显示状态，它是管理和操作图层的主要场所，可以进行图层的各种操作，如创建、删除、复制、移动、链接、合并等。如果用户在窗口中看不到图层面板，可以选择 窗口(W) → 图层 命令，或按"F7"键，打开图层面板，如图 5.1.3 所示。

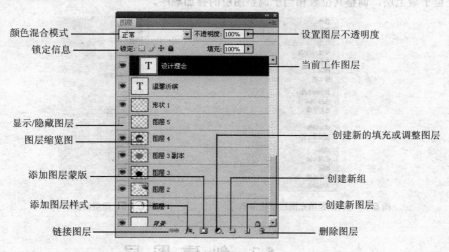

图 5.1.3　图层面板

下面主要介绍图层面板的各个组成部分及其功能：

正常 ：用于选择当前图层与其他图层的混合效果。

不透明度：：用于设置图层的不透明度。

：表示图层的透明区域是否能编辑。选择该按钮后，图层的透明区域被锁定，不能对图层进行任何编辑，反之可以进行编辑。

：表示锁定图层编辑和透明区域。选择该按钮后，当前图层被锁定，不能对图层进行任何编辑，只能对图层上的图像进行移动操作，反之可以编辑。

⊕：表示锁定图层移动功能。选择该按钮后，当前图层不能移动，但可以对图像进行编辑，反之可以移动。

🔒：表示锁定图层及其副本的所有编辑操作。选择该按钮后，不能对图层进行任何编辑，反之可以编辑。

👁：用于显示或隐藏图层。当该图标在图层左侧显示时，表示当前图层可见，图标不显示时表示当前图层隐藏。

🔗：表示该图层与当前图层为链接图层，可以一起进行编辑。

fx.：位于图层面板下面，单击该按钮，可以在弹出的菜单中选择图层效果。

◻：单击该按钮，可以给当前图层添加图层蒙版。

▢：单击该按钮，可以添加新的图层组。

◕.：单击该按钮，可在弹出的下拉菜单中选择要进行添加的调整或填充图层内容命令，如图5.1.4所示。

▣：单击该按钮，在当前图层上方创建一个新图层。

🗑：单击该按钮，可删除当前图层。

单击右上角的 ▤ 按钮，可弹出如图 5.1.5 所示的图层面板菜单，该菜单中的大部分选项功能与图层面板功能相同。

在图层面板中，每个图层都是自上而下排列的，位于图层面板最下面的图层为背景层。图层面板中的大部分功能都不能应用，需要应用时，必须将其转换为普通图层。所谓的普通图层，就是常用到的新建图层，在其中用户可以进行任何的编辑操作。另外，位于图层面板最上面的图层在图像窗口中也是位于最上层，调整其位置相当于调整图层的叠加顺序。

图 5.1.4　调整和填充图层下拉菜单

图 5.1.5　图层面板菜单

5.2　创　建　图　层

图层的创建包括创建普通图层、创建背景图层、创建调整图层以及创建图层组等。

5.2.1　创建普通图层

创建普通图层的方法有多种，可以直接单击图层面板中的"创建新图层"按钮 ▣ 进行创建，也可通过单击图层面板右上角的  按钮，从弹出的面板菜单中选择 新建图层... 命令，弹出"新建图层"对话框，如图 5.2.1 所示。

在 名称(N): 文本框中可输入创建新图层的名称，单击 颜色(C): 右侧的 ▼ 按钮，可从弹出的下拉列表中选择图层的颜色，可在 模式(M): 下拉列表中选择图层的混合模式。

单击 确定 按钮，即可在图层面板中显示创建的新图层，如图 5.2.2 所示。

图 5.2.1 "新建图层"对话框　　　　　图 5.2.2 新建图层

5.2.2 创建背景图层

如果要创建新的背景图层，可在图层面板中选择需要设定为背景图层的普通图层，然后选择 图层(L) → 新建(W) → 图层背景(B) 命令，即可将普通图层设定为背景图层。如图 5.2.3 所示为将左图中的"图层 0"设定为"背景"图层。

图 5.2.3 创建背景图层

如果要对背景图层进行相应的操作，可在背景图层上双击鼠标，弹出"新建图层"对话框，如图 5.2.4 所示，单击 确定 按钮，则将背景图层转换为普通图层，即可对该图层进行相应的操作。

图 5.2.4 "新建图层"对话框

5.2.3 创建填充图层

现在通过一个例子介绍填充图层的创建方法，具体操作步骤如下：

（1）打开一幅图像，其效果及图层面板如图 5.2.5 所示。

图 5.2.5　打开的图像及图层面板

（2）选择 图层(L) → 新建填充图层(W) → 渐变(G)... 命令，可弹出"新建图层"对话框，如图 5.2.6 所示。在其中设置新填充层的各个参数后，单击 确定 按钮，可弹出"渐变填充"对话框，如图 5.2.7 所示。

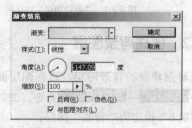

图 5.2.6　"新建图层"对话框　　　　　图 5.2.7　"渐变填充"对话框

（3）在"渐变填充"对话框中设置渐变填充的类型、样式以及角度等，单击 确定 按钮，即可创建一个含有渐变效果的填充图层，效果如图 5.2.8 所示。

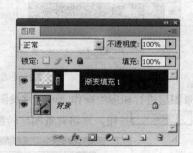

图 5.2.8　渐变填充后的图像及其图层面板

若想要改变填充图层的内容（编辑填充图层）或将其转换为调整图层，可以在选择需要转换的填充图层后，选择 图层(L) → 图层内容选项(O)... 命令，或用鼠标左键双击填充图层的缩览图，在打开的填充图层设置对话框中进行编辑。另外，对于填充图层，用户只能更改其内容，而不能在其中进行绘画，若要对其进行绘画操作，可以选择 图层(L) → 栅格化(Z) → 填充内容(F) 命令，将其转换为带蒙版的普通图层再进行操作。

5.2.4　创建调整图层

调整图层是一种特殊的图层，此类图层主要用于控制色调和色彩的调整。也就是说，Photoshop

会将色调和色彩的设置，如色阶和曲线调整等应用功能变成一个调整图层单独存放在文件中，以便修改其设置。建立调整图层的具体操作方法如下：

（1）打开一幅如图 5.2.5 所示的图像文件，选择菜单栏中的 图层(L) → 新建调整图层(J) 命令，弹出其子菜单，如图 5.2.9 所示。

（2）在此菜单中选择一个色调或色彩调整的命令。例如选择 色彩平衡(B)... 命令，可弹出"新建图层"对话框，如图 5.2.10 所示。

图 5.2.9　新建调整图层子菜单　　　　　　图 5.2.10　"新建图层"对话框

（3）单击 确定 按钮，可从弹出的调整面板中设置色彩平衡的各选项参数，调整图像后的效果如图 5.2.11 所示。

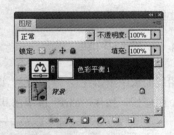

图 5.2.11　调整色彩平衡后的图像及其图层面板

创建的调整图层也会出现在当前图层之上，且名称以当前色彩或色调调整的命令来命名。在调整图层的左侧显示色调或色彩命令相关的图层缩览图；右侧显示图层蒙版缩览图，中间显示关于图层内容与蒙版是否有链接的链接符号。当出现链接符号时，表示色调或色彩调整将只对蒙版中所指定的图层区域起作用。如果没有链接符号，则表示这个调整图层将对整个图像起作用。

注意：调整图层会影响它下面的所有图层。这意味着可通过进行单一调整来校正多个图层，而不用分别调整每个图层。

5.2.5　创建图层组

在 Photoshop CS4 中，可将建立的许多图层编成组，如果要对许多图层进行同一操作，只需要对图层组进行操作即可，从而可以提高编辑图像的工作效率。

　　创建图层组有多种方法，可以直接单击图层面板中的"创建新组"按钮 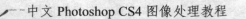 进行创建，也可单击图层面板右上角的 按钮，在弹出的面板菜单中选择 新建组(G)... 命令，弹出"新建组"对话框，如图 5.2.12 所示。

　　单击 确定 按钮，即可在图层面板中创建图层组"组 1"，然后将需要编成组的图层拖至图层组"组 1"上，该图层将会自动位于图层组的下方，继续拖动需要编成组的图层至"组 1"上，即可将多个图层编成组，如图 5.2.13 所示。

图 5.2.12　"新建组"对话框　　　　　　　　　图 5.2.13　创建图层组

5.3　编 辑 图 层

　　在 Photoshop CS4 中创建好图层后，可以在图层面板中对创建的图层进行各种编辑操作，包括选择图层、重命名图层、复制图层、调整图层顺序以及显示和隐藏图层等，只有掌握了图层的这些编辑操作，才能设计出理想的作品。

5.3.1　选择图层

　　在图层面板中单击任意一个图层，即可将其选择，被选择的图层为当前图层，如图 5.3.1 所示。选择一个图层后，按住"Ctrl"键单击其他图层，可同时选择多个图层，如图 5.3.2 所示。

图 5.3.1　选择一个图层　　　　　　　　　图 5.3.2　选择多个图层

5.3.2　重命名图层

　　在 Photoshop 中，可以随时更改图层的名称，这样便于用户对单独的图层进行操作。具体的操作步骤如下：

　　（1）在图层面板中，用鼠标在需要重新命名的图层名称处双击，如图 5.3.3 所示。

（2）在图层名称处输入新的图层名称，如图 5.3.4 所示。

图 5.3.3　重命名图层　　　　　　　　图 5.3.4　输入新的图层名称

（3）输入完成后，用鼠标在图层面板中任意位置处单击，即可确认新输入的图层名称。

5.3.3　复制图层

复制图层的方法有以下 2 种：

（1）在图层面板中直接将所选图层拖至下方的"创建新图层"按钮 ⬚ 上，即可创建一个图层副本。

（2）选中要复制的图层，在图层面板右上角单击按钮 ☰ ，从弹出的下拉菜单中选择 复制图层(D)... 命令，弹出"复制图层"对话框，如图 5.3.5 所示，单击 确定 按钮，就会在图层面板中显示复制的图层副本，如图 5.3.6 所示。

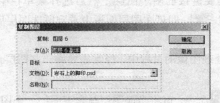

图 5.3.5　"复制图层"对话框　　　　　　图 5.3.6　复制图层

5.3.4　删除图层

在处理图像时，对于不再需要的图层，用户可以将其删除，这样可以减小图像文件的大小，便于操作。删除图层常用的方法有以下几种：

（1）在图层面板中将需要删除的图层拖动到图层面板中的"删除图层"按钮 🗑 上即可删除。

（2）在图层面板中选择需要删除的图层，单击图层面板右上角的 ☰ 按钮，在弹出的面板菜单中选择 删除图层 命令即可。

（3）在图层面板中选择需要删除的图层，选择 图层(L) → 删除 → 图层(L) 命令，将会弹出如图 5.3.7 所示的提示框，单击 是(Y) 按钮，即可删除所选图层。

（4）在要删除的图层上单击鼠标右键，在弹出的快捷菜单中选择 删除图层 命令，即可删除图层。

图 5.3.7　提示框

5.3.5　调整图层顺序

在图层面板中拖动图层可以调整图层的顺序，例如要将图层面板中的图层 1 拖至图层 3 的上方，可先选择图层 1，然后按住鼠标左键拖动，至图层 3 上方时释放鼠标即可，如图 5.3.8 所示是调整图层叠放顺序的过程。

图 5.3.8　调整图层叠放顺序

5.3.6　链接与合并图层

在 Photoshop CS4 中可以链接两个或更多个图层或组。链接图层与同时选定的多个图层不同，链接的图层将保持关联，可以移动、变换链接的图层，还可以为其创建剪贴蒙版。

要链接图层，只须按住"Shift"键选择需要链接的多个图层，然后选择菜单栏中的 图层(L) → 链接图层(K) 命令，或单击图层面板底部的按钮 🔗，即可在图层面板中看到所选图层后面显示为图标 🔗，表示图层已链接，如图 5.3.9 所示。

合并图层是指将多个图层合并为一层。在处理图像的过程中，经常需要将一些图层合并起来。合并图层的方式有以下几种：

（1）选择菜单栏中的 图层(L) → 向下合并(E) 命令，可将当前图层与它下面的一个图层进行合并，而其他图层则保持不变。

（2）选择菜单栏中的 图层(L) → 拼合图像(F) 命令，可将图像中所有的图层合并到背景图层中，如图 5.3.10 所示。如果图层面板中有隐藏的图层，则会弹出提示框，提示是否要扔掉隐藏的图层，单击 确定 按钮，可扔掉隐藏的图层。

图 5.3.9　链接图层　　　　　　　　　图 5.3.10　合并图层

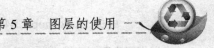

（3）选择菜单栏中的 图层(L) → 合并可见图层(V) 命令，可将所有可见的图层合并为一个图层。

5.3.7　将图像选区转换为图层

在 Photoshop 中用户可直接创建新图层，也可将创建的选区转换为图层。具体的操作步骤如下：

（1）按"Ctrl+O"键打开一幅图像文件，并用工具箱中的创建选区工具在其中创建选区，效果如图 5.3.11 所示。

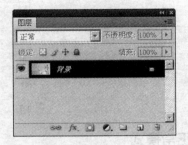

图 5.3.11　创建的选区及图层面板

（2）选择 图层(L) → 新建(N) → 通过拷贝的图层(C) 命令，此时的图层面板如图 5.3.12 所示。

（3）单击工具箱中的"移动工具"按钮 ，然后在图像窗口中单击并拖动鼠标，此时图像效果如图 5.3.13 所示。由此可看出，执行此命令后，系统会自动将选区中的图像内容复制到一个新图层中。

图 5.3.12　图层面板　　　　　图 5.3.13　移动图像效果

利用 图层(L) → 新建(N) → 通过剪切的图层(T) 命令，可将选区中的图像内容剪切到一个新图层中。

5.3.8　显示和隐藏图层

显示和隐藏图层在设计作品时经常会用到，比如，在处理一些大而复杂的图像时，可将某些不用的图层暂时隐藏，不但可以方便操作，还可以节省计算机系统资源。

要想隐藏图层，只须在图层面板中的图层列表前面单击 图标即可，此时眼睛图标消失，再次单击该位置可重新显示该图层，并出现眼睛图标。

5.4　设置图层混合模式

图层模式决定当前图层中的像素与下面其他图层中的像素以何种方式进行混合。在图层面板中单击 正常 下拉列表框，可弹出如图 5.4.1 所示的下拉列表，从中选择不同的选项可以将当前图层设置为不同的模式，其图层中的图像效果也随之改变。

图 5.4.1 图层模式下拉列表

5.4.1 正常模式

正常模式是图层的默认模式，也是最常用的使用方式。在该模式下，图像的覆盖程度与不透明度有关，当不透明度为 100%时，该模式将正常显示当前图层中的图像，上面图层的图像可以完全覆盖下面图层的图像；当不透明度小于 100%时，图像中的颜色就会受到下面各层图像的影响，不透明度的值越小，图像越透明，如图 5.4.2 所示。

不透明度为 100%　　　　　　　　　　　不透明度为 50%

图 5.4.2 使用正常模式效果对比

5.4.2 溶解模式

溶解模式是以当前图层的颜色与其下面图层颜色进行融合。对于不透明的图层来说，此模式不会发挥作用。不透明度的值越小，融合效果就越明显，如图 5.4.3 所示。

不透明度为 100%　　　　　　　　　　　不透明度为 50%

图 5.4.3 使用溶解模式效果对比

5.4.3 变暗模式

变暗模式可按照像素对比底色和绘图色选择较暗的颜色作为此像素最终的颜色,比底色亮的颜色被替换,比底色暗的颜色保持不变。

在 正常 ▼ 下拉列表中有 5 种色彩混合后变暗的模式,这 5 种模式变暗的程度各不相同。

变暗:此模式下,系统分别对各个通道进行处理,对于某个通道,如果下面图层比当前图层的颜色深,则取代当前图层的颜色,否则不影响当前图层或通道的颜色,即不影响当前图层相对其下面图层的暗色调区域,从而形成暗化效果,如图 5.4.4 所示。

图 5.4.4 使用变暗模式前后效果对比

正片叠底:此模式相当于产生一种透过灯光观看两张叠在一起的透明底片效果。这种效果会比分别看两张透明胶片要暗,效果如图 5.4.5 所示。

图 5.4.5 使用正片叠底模式前后效果对比

颜色加深:此模式增加对比度使当前图层下面图层的颜色变暗,以显示当前图层的颜色,效果如图 5.4.6 所示(与白色混合,颜色不发生变化)。

图 5.4.6 使用颜色加深模式前后效果对比

线性加深:此模式将当前图层中的图像按线性加深,相当于颜色加深模式的加强,效果如图 5.4.7 所示。

图 5.4.7　使用线性加深模式前后效果对比

深色：此模式通过以基色替换两图层中的混合色较亮的区域来显示结果色，如图 5.4.8 所示。

图 5.4.8　使用深色模式前后效果对比

5.4.4　变亮模式

在 **正常** 下拉列表中提供了 5 种色彩混合后变亮的模式，分别为 **变亮**、**滤色**、**颜色减淡**、**线性减淡** 和 **浅色**，这些变亮模式各有不同程度的变亮效果。

变亮：变亮模式与变暗模式相反，如果下面图层比当前图层的颜色浅，则取代当前图层的颜色，否则不影响当前图层该通道的颜色，即不影响当前图层相对其下面图层的亮色调区域，从而形成漂白效果，如图 5.4.9 所示。

图 5.4.9　使用变亮模式前后效果对比

滤色：此模式与 **正片叠底** 模式相反，呈现出一种较亮的灯光透过两张透明胶片在屏幕上投影的效果。这种效果比通过单独的胶片产生的投影效果浅，如图 5.4.10 所示。

图 5.4.10　使用滤色模式前后效果对比

颜色减淡：此模式与 颜色加深 模式相反，用于将图像作亮化处理，图像的明亮度以其自身的明亮度为基准，进行不同程度的明亮度调整，使当前图层中的图像变亮，如图 5.4.11 所示。

图 5.4.11　使用颜色减淡模式前后效果对比

线性减淡（添加）：此模式可将图层中的颜色按线性减淡，相当于颜色减淡模式的加强，如图 5.4.12 所示。

图 5.4.12　使用线性减淡模式前后效果对比

浅色：此模式通过以基色替换两图层中的混合色较暗的区域来显示结果色，如图 5.4.13 所示。

图 5.4.13　使用浅色模式前后效果对比

5.4.5　叠加模式

叠加模式综合了 滤色 与 正片叠底 两种模式的作用效果，可使下面图层中图像的色彩决定当前图层使用 滤色 模式还是 正片叠底 模式。这种模式对中间色调的影响较大，对亮色调与暗色调的作用不大。使用此模式可以使图像的亮度、饱和度以及对比度提高，效果如图 5.4.14 所示。

图 5.4.14　使用叠加模式前后效果对比

5.4.6 柔光模式

柔光模式将使图像产生一种柔光效果，使当前图层中比下面图层亮的区域更亮，比下面图层暗的区域更暗，效果如图 5.4.15 所示。

图 5.4.15 使用柔光模式前后效果对比

5.4.7 强光模式

强光模式使图像产生一种强光照射的效果，尤如耀眼的聚光灯的光芒。可以看做是柔光的加强，效果如图 5.4.16 所示。

图 5.4.16 使用强光模式前后效果对比

5.4.8 色相模式

色相模式是用当前图层的图像色相与下面图层的图像色彩、饱和度、亮度相混合而形成的效果，如图 5.4.17 所示。

图 5.4.17 使用色相模式前后效果对比

5.4.9 饱和度模式

饱和度模式是用当前图层的饱和度与下面图层中图像的亮度和色相来创建混合后的颜色效果。在灰色区域上使用此模式不产生变化，效果如图 5.4.18 所示。

图 5.4.18　使用饱和度模式前后效果对比

5.4.10　差值模式

差值模式是用当前图层的颜色值减去下面图层的颜色值而得到的混合效果，如图 5.4.19 所示。

图 5.4.19　使用差值模式前后效果对比

5.4.11　排除模式

排除模式与差值模式类似，但在色彩上会表现得更柔和一些，如图 5.4.20 所示。

图 5.4.20　使用排除模式前后效果对比

5.4.12　颜色模式

颜色模式是使用当前图层下面的图层颜色亮度与当前图层颜色的色相和饱和度来创建混合后的颜色效果，效果如图 5.4.21 所示。

图 5.4.21　使用颜色模式前后效果对比

5.4.13　明度模式

明度模式与颜色模式相反，可使用当前图层下面图层的饱和度和色相与当前图层颜色亮度而创建混合后的颜色，效果如图 5.4.22 所示。

图 5.4.22　使用明度模式前后效果对比

5.5　应用图层特殊样式

Photoshop CS4 中提供了 10 种图层特殊样式，如投影、发光、斜面与浮雕、描边、填充图案等。用户可以根据实际需要，使用其中的一种或多种样式，以制作出特殊的图像效果。

5.5.1　添加图层样式

用户可以通过以下 3 种方法为图像添加图层样式：

（1）单击图层面板底部的"添加图层样式"按钮 fx.，在弹出的下拉菜单中选择相应的命令进行设置。

（2）选择 图层(L) → 图层样式(Y) 命令，可弹出如图 5.5.1 所示的子菜单，在其子菜单中可选择相应的命令进行设置。

（3）单击图层面板右上角的 按钮，从弹出的图层面板菜单中选择 混合选项... 命令。

使用以上 3 种方法添加图层样式，都可弹出"图层样式"对话框，如图 5.5.2 所示，用户可以根据需要在其中设置适当的参数，然后单击 确定 按钮即可。

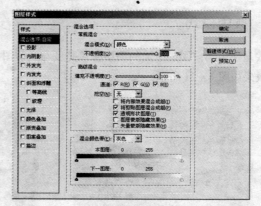

图 5.5.1　"图层样式"子菜单　　　　图 5.5.2　"图层样式"对话框

在"图层样式"对话框的左侧是所有的图层样式选项，右侧是样式选项参数设置区，所选择的样式不同，其对应的参数设置也就不同。当选中左侧的图层样式选项时，该样式选项的默认效果即可显示出来。

样式选项参数设置区包括 3 部分：常规混合、高级混合和混合颜色带。简单介绍如下：

（1）**常规混合**：该选项区中包含有"混合模式"和"不透明度"两个选项，可用于设置图层样式的混合模式和不透明度。

（2）**高级混合**：在该选项区中可以设置高级混合效果的相关参数。

（3）**混合颜色带(E)**：该选项根据图像颜色模式的不同来设置单一通道的混合范围。

　　提示：当给一个图层添加了图层效果后，在图层面板中将显示代表图层效果的图标 *fx*。图层效果与一般图层一样具有可以修改的特点，只要双击图层效果图标，就可以弹出"图层样式"对话框重新编辑图层效果。

现在通过一个例子介绍具体的操作步骤。

（1）按"Ctrl+O"键，打开一幅图像，如图 5.5.3 所示。

（2）单击工具箱中的"文字工具"按钮 **T**，在图像中输入黑色文字，效果如图 5.5.4 所示。

图 5.5.3　打开的图像　　　　　　　图 5.5.4　输入文字效果

（3）单击图层面板底部的"添加图层样式"按钮 **fx.**，在弹出的下拉菜单中选择 斜面和浮雕... 命令，弹出"图层样式"对话框，设置参数如图 5.5.5 所示。设置完成后，单击 确定 按钮，效果如图 5.5.6 所示。

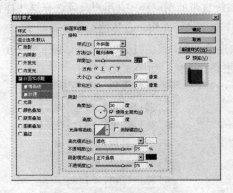 

图 5.5.5　"斜面和浮雕"选项设置　　　　图 5.5.6　添加斜面和浮雕效果

（4）再单击图层面板底部的"添加图层样式"按钮 **fx.**，在弹出的下拉菜单中选择 渐变叠加... 命令，弹出"图层样式"对话框，设置参数如图 5.5.7 所示。设置完成后，单击 确定 按钮，效

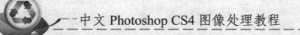

果如图 5.5.8 所示。

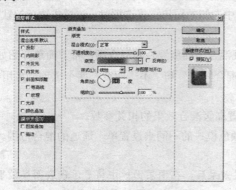

图 5.5.7 "渐变叠加"选项设置　　　　　图 5.5.8 添加渐变叠加效果

（5）单击图层面板底部的"添加图层样式"按钮 fx.，在弹出的下拉菜单中选择 内阴影 命令，弹出"图层样式"对话框，设置参数如图 5.5.9 所示。设置完成后，单击 确定 按钮，效果如图 5.5.10 所示。

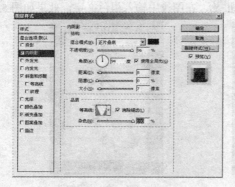

图 5.5.9 "内阴影"选项设置　　　　　图 5.5.10 添加内阴影效果

5.5.2　快速添加图层样式

在 Photoshop CS4 的样式面板中列出了系统自带的图层样式，用户只须选择这些样式就可以快速地给图层添加各种特殊的效果。下面通过一个例子进行介绍，具体的操作步骤如下：

（1）打开一幅图像，使用工具箱中的快速选择工具 在图像中抠出如图 5.5.11 所示的图像。

（2）选择 窗口(W) → 样式 命令，弹出样式面板，如图 5.5.12 所示。

图 5.5.11 打开的图像　　　　　图 5.5.12 样式面板

（3）用鼠标左键单击其中的一种样式，即可将其添加到图层中，按"Ctrl+D"键取消选区，效果如图 5.5.13 所示。此时的图层面板如图 5.5.14 所示。

图 5.5.13　为图层添加样式效果

图 5.5.14　添加样式后的图层面板

5.5.3　编辑图层效果

对制作的图层效果还可以进行各种编辑操作，如删除与隐藏图层效果、复制与粘贴图层效果、分离图层效果、设置图层效果强度以及设置光照角度。

1．删除与隐藏图层效果

在图层面板中选择要删除的图层效果，将其拖至图层面板底部的按钮 🗑 上即可删除图层效果。也可选择菜单栏中的 图层(L) → 图层样式(Y) → 清除图层样式(A) 命令来删除图层效果。

如果不需要在图像窗口中显示图层效果，则可以隐藏图层效果。选择菜单栏中的 图层(L) → 图层样式(Y) → 隐藏所有效果(H) 命令即可隐藏所选的图层效果。

2．复制与粘贴图层效果

可以将某一图层中的图层效果复制到其他图层中，从而可加快编辑速度。复制图层效果的具体操作方法如下：

（1）在如图 5.5.13 所示的图层面板中的图层名称上单击鼠标右键，从弹出的快捷菜单中选择 拷贝图层样式 命令。也可以选择包含图层效果的图层，然后选择菜单栏中的 图层(L) → 图层样式(Y) → 拷贝图层样式(C) 命令复制图层效果。

（2）选择要粘贴图层效果的图层，例如选择该图层面板中的背景层，然后选择菜单栏中的 图层(L) → 图层样式(Y) → 粘贴图层样式(P) 命令，或在该图层中单击鼠标右键，从弹出的快捷菜单中选择 粘贴图层样式 命令，即可将复制的图层效果粘贴到背景层中，效果如图 5.5.15 所示。

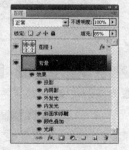

图 5.5.15　粘贴图层效果

3．分离图层效果

为图层添加图层效果后，也可以将其进行分离。首先选中需要分离图层效果的图层，然后选择图层(L) → 图层样式(Y) → 创建图层(R) 命令，此时的图层面板将变成如图 5.5.16 所示的状态，其中的效果图层已经被分离为单独的图层。

图 5.5.16   分离图层效果

4. 设置图层效果强度

选择含有图层效果的图层后，再选择菜单栏中的 图层(L) → 图层样式(Y) → 缩放效果(F)... 命令，弹出"缩放图层效果"对话框，如图 5.5.17 所示。

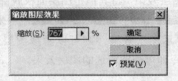

图 5.5.17   "缩放图层效果"对话框

在 缩放(S): 输入框中输入数值，可设置图层效果的强度。取值范围在 0～1 000 之间。

设置好参数后，单击 确定 按钮，调整图层效果强度后的效果如图 5.5.18 所示。

图 5.5.18   调整强度前后效果对比

5. 设置光照角度

选择菜单栏中的 图层(L) → 图层样式(Y) → 全局光(L)... 命令，弹出 全局光 对话框，如图 5.5.19 所示，在此对话框中可以设置光线的角度和高度。

图 5.5.19   "全局光"对话框

5.6　典型实例——制作水晶饰品

本节综合运用前面所学的知识制作水晶饰品，最终效果如图 5.6.1 所示。

图 5.6.1　最终效果图

操作步骤

（1）按"Ctrl+O"键，打开一幅图像，如图 5.6.2 所示。

（2）打开通道面板，复制"绿"通道为"绿副本"通道，选择 图像(I) → 调整(A) → 色阶(L)...
命令，弹出"色阶"对话框，设置其参数如图 5.6.3 所示。

图 5.6.2　打开的图像文件

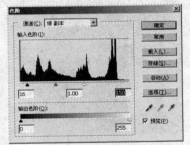

图 5.6.3　"色阶"对话框

（3）设置完成后，单击 确定 按钮，效果如图 5.6.4 所示。

（4）按住"Ctrl"键填单击"绿副本"通道，将其载入选区。

（5）在图层面板底部单击"添加图层蒙版"按钮，为图层 0 添加一个图层蒙板，如图 5.6.5
所示。

图 5.6.4　调整图像颜色效果

图 5.6.5　添加图层蒙版

（6）按"Ctrl+O"键，打开一幅人物图像文件，使用移动工具将其移动到新建图像中，自动生
成图层 1。

（7）按"Ctrl+T"键执行自由变换命令，调整图像的位置及大小，效果如图 5.6.6 所示。

（8）重复步骤（5）的操作，为图层 1 添加一个蒙版，单击工具箱中的"画笔工具"按钮 ，擦除图像中的背景，并将其移至如图 5.6.7 所示的位置。

图 5.6.6　复制并调整图像大小　　　　　　　　图 5.6.7　擦除图像中的背景

（9）再打开两幅图像文件，重复步骤（6）～（8）的操作，得到的效果如图 5.6.8 所示。

（10）按"Ctrl+Shift+Alt+E"键，盖印可见图层，自动生成图层 4。

（11）将图层 4 作为当前可编辑图层，单击工具箱中的"钢笔工具"按钮 ，在图像中环绕心形创建一个路径。

（12）按"Ctrl+Enter"键，将其转换为选区，再将其反选，按"Delete"键删除选区内图像，效果如图 5.6.9 所示。

图 5.6.8　复制并调整图像大小　　　　　　　　图 5.6.9　删除选区内图像

（13）再导入一幅图像文件，使用移动工具将其移至新建图像中，效果如图 5.6.10 所示。

（14）在图层面板中双击图层 4，弹出"图层样式"对话框，为其添加投影和外发光效果，设置其对话框参数如图 5.6.11 所示。

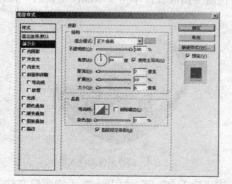

图 5.6.10　导入一幅图像文件　　　　　　　　图 5.6.11　"图层样式"对话框

（15）设置好参数后，单击 ▭确定▭ 按钮，最终效果如图 5.6.1 所示。

本 章 小 结

　　本章主要介绍了图层的使用方法与技巧，包括图层简介、创建图层、编辑图层、设置图层混合模式以及应用图层特殊样式等。通过本章的学习，读者应熟练掌握图层的各种操作技巧，并能灵活使用图层来编辑或创作图像效果。

过 关 练 习

一、填空题

　　1. _____在 Photoshop 图像处理中占有十分重要的位置，许多 Photoshop 爱好者甚至将其称为 Photoshop 的灵魂。

　　2. 在 Photoshop CS4 中可以将图层分为 4 类，即_____图层、_____图层、_____图层和_____图层。

　　3. 对图层的大部分操作都是在_____中完成的。

　　4. _____图层是一种不透明的图层，该图层不能进行混合模式与不透明度的设置。

　　5. 在图层面板中，眼睛图标 ▭ 可用于_____或_____图层。

　　6. _____模式就是将两个图层的色彩叠加在一起，从而生成叠底效果。

　　7. 按住_____键单击其他图层，可同时选择多个图层。

　　8. 在 Photoshop CS4 中，_____面板列出了系统自带的图层样式，用户只须选择这些样式就可以快速地给图层添加各种特殊的效果。

二、选择题

　　1. 在 Photoshop CS4 中，按（　）键可以快速打开图层面板。

　　（A）F7　　　　　　　　　　　　（B）F6

　　（C）F5　　　　　　　　　　　　（D）F4

　　2. 通过选择 图层(L) → 新建(W) 命令，可新建（　）。

　　（A）普通图层　　　　　　　　　（B）文字图层

　　（C）背景图层　　　　　　　　　（D）图层组

　　3. 图层中含有 ▭ 标志时，表示该图层处于（　）状态。

　　（A）可见　　　　　　　　　　　（B）链接

　　（C）隐藏　　　　　　　　　　　（D）选择

　　4. 如果要将多个图层进行统一的移动、旋转等操作，可以使用（　）功能。

　　（A）复制图层　　　　　　　　　（B）创建图层

　　（C）删除图层　　　　　　　　　（D）链接或合并图层

　　5. 不能对（　）图层设置混合模式与不透明度。

　　（A）背景　　　　　　　　　　　（B）普通

（C）填充 （D）调整

6. 图层调整和填充是处理图层的一种方法，下面选项中属于图层填充范围的是（　　）。

（A）光泽 （B）纯色

（C）内发光 （D）投影

7. 图层调整和填充是处理图层的一种方法，下面选项中属于图层调整范围的是（　　）。

（A）曲线 （B）纯色

（C）颜色叠加 （D）色调分离

8. 单击图层调板中"添加图层样式"按钮 *fx.*，从打开的菜单中选择图层需要设置的图层效果。下面选项（　　）不属于图层效果。

（A）纹理 （B）描边

（C）色调分离 （D）颜色叠加

三、简答题

1. 简述 Photoshop CS4 中图层的类型及其各自的特点。

2. 调整图层顺序的方法有哪几种？

3. 简述添加图层样式的方法。

四、上机操作题

1. 打开一幅图像，在其中创建 3 个以上的图层，并练习移动图层的顺序，并合并图层。

2. 创建一幅如题图 5.1 所示的混合效果。

3. 创建一幅如题图 5.2 所示的特效字效果。

题图　5.1 题图　5.2

第6章 通道与蒙版的使用

章前导航

通道与蒙版在 Photoshop CS4 图像处理中起着重要的作用,只有经过长期的学习和应用实践,才能有效地发挥其功能,设计出精美的图像。本章主要介绍 Photoshop CS4 在通道与蒙版使用方面的强大功能。

本章要点

➡ 通道简介

➡ 创建通道

➡ 编辑通道

➡ 合成通道

➡ 蒙版的使用

6.1 通 道 简 介

在 Photoshop CS4 中，可以使用不同的方法将一幅图像分成几个相互独立的部分，对其中某一部分进行编辑而不影响其他部分，通道就是实现这种功能的途径之一，用于存放图像的颜色和选区数据。下面分别介绍通道的类型与通道面板。

6.1.1 通道类型

Photoshop CS4 的通道大致可分为 5 种类型的通道，即复合通道、颜色通道、Alpha 通道、专色通道和单色通道。

1．Alpha 通道

Alpha 通道是计算机图形学的术语，指的是特别的通道。Alpha 通道与图层看起来相似，但区别却非常大。Alpha 通道可以随意地增减，这一点类似于图层，但 Alpha 通道不是用来存储图像而是用来保存选区的。在 Alpha 通道中，黑色表示非选区，白色表示选区，不同层次的灰度则表示该区域被选取的百分比。

2．专色通道

专色通道可以使用除了青、黄、品红、黑以外的颜色来绘制图像。它主要用于辅助印刷，是用一种特殊的混合油墨来代替或补充印刷色的预混合油墨，每种专色在复印时都要求有专用的印版，使用专色油墨叠印出的通常要比四色叠印出的更平整，颜色更鲜艳。如果在 Photoshop CS4 中要将专色应用于特定的区域，则必须使用专用通道，它能够用来预览或增加图像中的专色。

3．复合通道

复合通道不包含任何信息，实际上它只是能同时预览并编辑所有颜色通道的一种快捷方式。它通常被用来在单独编辑完一个或多个颜色通道后使通道面板返回到它的默认状态。对于不同模式的图像，其通道的数量是不一样的。在 Photoshop CS4 中，通道涉及 3 种模式，对于一个 RGB 模式的图像，有 RGB、红、绿、蓝共 4 个通道；对于一个 CMYK 模式的图像，有 CMYK、青色、洋红、黄色、黑色共 5 个通道；对于一个 Lab 模式的图像，有 Lab、明度、a、b 共 4 个通道。

4．单色通道

单色通道的产生比较特别，也可以说是非正常的。例如，在通道面板中随便删除其中一个通道，就会发现所有的通道都变成"黑白"的，原有的彩色通道即使不删除，也变成了灰度的。

5．颜色通道

在 Photoshop CS4 中图像像素点的色彩是通过各种色彩模式中的色彩信息进行描述的，所有的像素点包含的色彩信息组成了一个颜色通道。例如，一幅 RGB 模式的图像有 3 个颜色通道，其中 R（红色）通道中的像素点是由图像中所有像素点的红色信息组成的，同样 G（绿色）通道和 B（蓝色）通道中的像素点分别是由所有像素点中的绿色信息和蓝色信息组成的。这些颜色通道的不同信息搭配组成了图像中的不同色彩。

6.1.2　通道面板

在通道面板中可以同时将一幅图像所包含的通道全部都显示出来,还可以通过面板对通道进行各种编辑操作。例如打开一幅 RGB 模式的图像,默认情况下通道面板位于窗口的右侧,若在窗口中没有显示此面板,则可通过选择 窗口(W) → 通道 命令打开通道面板,如图 6.1.1 所示。

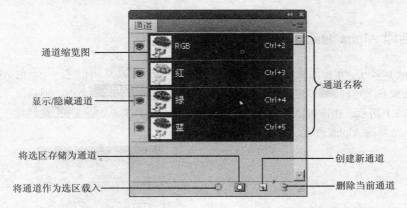

图 6.1.1　通道面板

下面主要介绍通道面板的各个组成部分及其功能。

：单击该图标,可在显示通道与隐藏通道之间进行切换,若显示有 图标,则打开该通道的显示,反之则关闭该通道的显示。

：单击此按钮,可以将通道内容作为选区载入。

：单击此按钮,可以将图像中的选区存储为通道。

：单击此按钮,可以在通道面板中创建一个新的 Alpha 通道。

：单击此按钮,可以将不需要的通道删除。

单击通道面板右上角的 按钮,可弹出如图 6.1.2 所示的通道面板菜单,其中包含了有关对通道的操作命令。此外,用户可以选择通道面板菜单中的 面板选项 命令,在弹出的"通道面板选项"对话框中调整每个通道缩览图的大小,如图 6.1.3 所示。

图 6.1.2　通道面板菜单

图 6.1.3　"通道面板选项"对话框

注意:在操作过程中,用户最好不要轻易修改原色通道,如果必须要修改,则可先复制原色通道,然后在其副本上进行修改。

6.2 创 建 通 道

在 Photoshop CS4 中，利用通道面板可以创建 Alpha 通道和专色通道，Alpha 通道主要用于建立、保存和编辑选区，也可将选区转换为蒙版。专色通道是一种比较特殊的颜色通道，在印刷过程中会经常用到。

6.2.1 创建 Alpha 通道

在 Photoshop CS4 中，单击通道面板中的"创建新通道"按钮 ，可创建一个新的 Alpha 通道。也可单击通道面板右上角的 按钮，从弹出的面板菜单中选择 新建通道... 命令，则弹出"新建通道"对话框，如图 6.2.1 所示，在该对话框中设置好通道的各项参数，再单击 确定 按钮，即可在通道面板中创建一个新的 Alpha 通道，如图 6.2.2 所示。

图 6.2.1 "新建通道"对话框   图 6.2.2 创建的 Alpha 通道

技巧：按住"Alt"键的同时单击通道面板底部的"创建新通道"按钮 ，也可弹出"新建通道"对话框。

6.2.2 创建专色通道

单击通道面板右上角的 按钮，从弹出的面板菜单中选择 新建专色通道... 命令，则弹出"新建专色通道"对话框，如图 6.2.3 所示，在该对话框中设置好新建专色通道的各项参数，再单击 确定 按钮，即可创建出新的专色通道，如图 6.2.4 所示。

图 6.2.3 "新建专色通道"对话框   图 6.2.4 创建的专色通道

6.2.3 将 Alpha 通道转换为专色通道

在通道面板中选择需要转换的 Alpha 通道后，单击通道面板右上角的 按钮，在弹出的如图 6.2.5 所示的通道面板菜单中选择 通道选项... 命令，弹出"通道选项"对话框，如图 6.2.6 所示。

图 6.2.5　通道面板菜单

图 6.2.6　"通道选项"对话框

在其对话框中的 色彩指示: 选项区中选中 专色(P) 单选按钮，然后单击 确定 按钮，即可将 Alpha 通道转换为专色通道，如图 6.2.7 所示。

图 6.2.7　将 Alpha 通道转换为专色通道

6.3 编 辑 通 道

为了处理图像，有时需要对通道进行编辑操作，如通道的复制、删除、分离以及合并等，下面分别进行讲解。

6.3.1 复制通道

复制通道可以将一个通道中的图像移到另一个通道中，原来通道中的图像不改变。复制通道的方法有以下几种：

（1）选择要复制的通道，然后将其拖动到通道面板中的"创建新通道"按钮 上，即可在被复制的通道下方复制一个通道副本，如图 6.3.1 所示。

图 6.3.1　复制通道

（2）选择要复制的通道，单击通道面板右上角的 按钮，从弹出的通道面板菜单中选择 复制通道... 命令，弹出"复制通道"对话框，如图 6.3.2 所示。在 为(A): 文本框中输入复制通道的名称，然后单击 确定 按钮，即可复制通道。

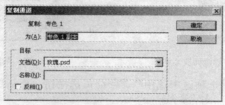

图 6.3.2　"复制通道"对话框

6.3.2　删除通道

如果不需要某个通道，或者为了制作特殊效果的图像，可以删除合成通道以外的某个通道。删除通道的方法有以下 2 种：

（1）用鼠标将需要删除的通道拖动到通道面板底部的"删除通道"按钮 上，释放鼠标，即可删除通道。

（2）选中需要删除的通道，单击通道面板右上角的 按钮，在弹出的通道面板菜单中选择 删除通道 命令，弹出如图 6.3.3 所示的提示框，单击 是(Y) 按钮，将删除所选通道；单击 否(N) 按钮，将放弃删除通道操作。

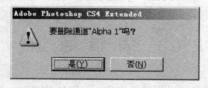

图 6.3.3　提示框

6.3.3　分离通道

在一幅图像中，如果包含的通道太多，就会导致文件太大而无法保存。利用通道面板中的 分离通道 命令（使用此命令之前，用户必须将图像中的所有图层合并，否则，此命令将不能使用），可以将图像的每个通道分离成灰度图像，以保留单个通道信息，每个图像可独立地进行编辑和存储。具体的操作方法如下：

（1）按"Ctrl+O"键，打开一幅 RGB 色彩模式的图像，如图 6.3.4 所示。

（2）单击通道面板右上角的  按钮，从弹出的面板菜单中选择 分离通道 命令，即可将通道分离为灰度图像文件，而原来的文件将自动关闭，效果如图 6.3.5 所示。

图 6.3.4　分离通道前的效果

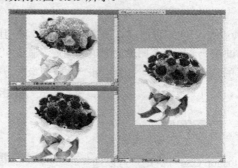
图 6.3.5　分离通道后的效果

6.3.4　合并通道

分离通道后，还可以将其全部合并。需要注意的是，所有要进行合并的通道都必须打开，而且都为灰度图像文件，这些文件的尺寸大小都必须相同，只有在满足这些条件时，才可以将它们合并起来。具体的操作方法如下：

单击通道面板右上角的 按钮，从弹出的面板菜单中选择 合并通道... 命令，弹出"合并通道"对话框，如图 6.3.6 所示。在其中设置各项参数，单击 确定 按钮，可弹出"合并多通道"对话框（此处弹出的对话框名称和需要合并通道图像的色彩模式有关），如图 6.3.7 所示。在该对话框中单击 下一步(N) 按钮直到弹出 确定 按钮即可完成通道的合并操作。

图 6.3.6　"合并通道"对话框

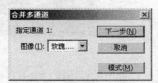
图 6.3.7　"合并多通道"对话框

6.3.5　将通道作为选区载入

在通道面板中选择要载入选区的通道后，单击通道面板底部的"将通道作为选区载入"按钮 ，此时就会将所选通道中的浅色区域作为选区载入，如图 6.3.8 所示。

图 6.3.8　载入通道选区

6.4 合 成 通 道

在 Photoshop CS4 中可通过"计算"命令和"应用图像"命令来合成图像，它们都包含在 图像(I) 菜单中。通过在一个或多个图像的通道和图层、通道和通道之间进行计算来合成图像，可以使图像产生各种各样的效果。在使用"计算"和"应用图像"命令合成图像时，只有当被混合的图像文件之间的文件格式、文件尺寸大小、分辨率、色彩模式等都相同时，才能对两幅图像进行合成。

6.4.1 应用图像

在 Photoshop CS4 中，用户可以选择 图像(I) → 应用图像(Y)... 命令，将一幅图像的图层或通道混合到另一幅图像的图层或通道中，从而产生许多特殊效果。应用这一命令时必须保证源图像与目标图像有相同的像素大小，因为应用图像命令就是基于两幅图像的图层或通道重叠后，相应位置的像素在不同的混合方式下相互作用，从而产生不同的效果。

打开如图 6.4.1 所示的图像文件，选择 图像(I) → 应用图像(Y)... 命令，弹出"应用图像"对话框。

图 6.4.1 打开的图像文件

在 源(S): 下拉列表中可以选择一个与目标文件相同大小的文件。

在 图层(L): 下拉列表中可以选择源文件的图层。

在 通道(C): 下拉列表中可以选择源文件的通道，并可以启用 ☑ 反相(I) 复选框使通道的内容在处理前反相。

在 混合(B): 下拉列表中可以选择计算时的混合模式，不同的混合模式，效果也不相同。

在 不透明度(O): 文本框中输入数值可调整合成图像的不透明度。

设置完参数后，单击 确定 按钮，效果如图 6.4.2 所示。

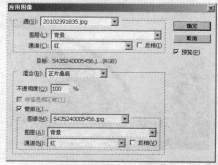

图 6.4.2 使用应用图像效果

6.4.2　计算

计算命令可以合成两个来自一个或多个源图像的单一的通道，然后将结果应用到新图像或新通道中，或作为当前图像的选区。若要在不同的图像间计算通道，则所打开的两幅图像的像素尺寸、分辨率必须相同。

打开如图 6.4.3 所示的图像文件，选择菜单栏中的 图像(I) → 计算(C)... 命令，弹出"计算"对话框，如图 6.4.4 所示。

图 6.4.3　打开的图像文件

在 源 1(S): 选项区中可以选择第一个源文件及其图层和通道。

在 源 2(U): 选项区中可以选择第二个源文件及其图层和通道。

在 混合(B): 下拉列表中可以选择用于计算时的混合模式。

选中 ☑ 蒙版(K)... 复选框，此时的"计算"对话框如图 6.4.5 所示，用户可为混合效果应用通道蒙版。

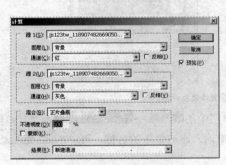

图 6.4.4　"计算"对话框　　　　　图 6.4.5　扩展后的"计算"对话框

选中 ☑ 反相(V) 复选框，可使通道的被蒙版区域和未被蒙版区域反相显示。

在 结果(R): 下拉列表中可选择将混合后的结果置于新图像中，或置于当前图像的新通道或选区中。

设置完参数后，单击 确定 按钮，效果如图 6.4.6 所示。

图 6.4.6　使用计算效果

115

6.5　蒙版的使用

在 Photoshop CS4 中蒙版的形式有 5 种，分别为图层蒙版、矢量蒙版、剪贴蒙版、快速蒙版以及通道蒙版。蒙版可以用来保护图像，使被蒙蔽的区域不受任何编辑操作的影响，以方便用户对其他部分的图像进行编辑调整。

6.5.1　通道蒙版

通道蒙版与快速蒙版的作用类似，都是为了存储选区以备下次使用。不同的是在一幅图像中只允许有一个快速蒙版存在，而通道蒙版则不同，在一幅图像中可以同时存在多个通道蒙版，分别存放不同的选区。此外，用户还可以将通道蒙版转换为专色通道，而快速蒙版则不能。

1. 通道蒙版的创建

在 Photoshop CS4 中创建通道蒙版常用的方法有以下两种：

（1）首先在图像中创建一个选区，然后单击通道面板底部的"将选区存储为通道"按钮 ，即可将选区范围保存为通道蒙版，如图 6.5.1 所示。

图 6.5.1　创建通道蒙版效果及通道面板

（2）首先在图像中创建一个选区，再选择菜单栏中的 选择(S) → 存储选区(V)... 命令，弹出"存储选区"对话框，如图 6.5.2 所示。在 名称(N): 文本框中输入通道蒙版的名称，再单击 确定 按钮即可将选区范围保存为通道蒙版。

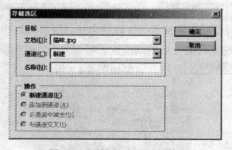

图 6.5.2　"存储选区"对话框

2. 编辑通道蒙版

通道蒙版的编辑方法与快速蒙版相同，为图像创建通道蒙版后，可以使用 Photoshop CS4 工具箱中的绘图工具、调整命令和滤镜等对其进行编辑，为图像添加各种特殊效果。

6.5.2 图层蒙版

图层蒙版是应用最为广泛的蒙版，将它覆盖在某一个特定的图层或图层组上，可任意发挥想象力和创造力，而不会影响图层中的像素。

下面通过一个具体的实例来介绍蒙版的功能与应用。

（1）打开两幅需要融合的人物图像，如图 6.5.3 所示。

原图 1   原图 2

图 6.5.3 打开的图像文件

（2）使用移动工具将原图 1 图像移至原图 2 图像中，可生成图层 1，将其调整到适当位置，此时图层面板显示如图 6.5.4 所示。

图 6.5.4 移动并调整图像效果

（3）将图层 1 作为当前可编辑图层，单击图层面板底部的"添加图层蒙版"按钮 ，可为图层 1 添加蒙版，如图 6.5.5 所示。

图 6.5.5 添加图层蒙版

（4）单击工具箱中的"渐变工具"按钮 ，在属性栏中设置渐变方式为柱形渐变，在图层蒙版中从左向右拖动鼠标填充渐变，效果如图 6.5.6 所示。

图 6.5.6　为图层蒙版填充渐变效果

6.5.3　快速蒙版

快速蒙版是用于创建和查看图像的临时蒙版，可以不使用通道面板而将任意选区作为蒙版来编辑。把选区作为蒙版的好处是可以运用 Photoshop 中的绘图工具或滤镜对蒙版进行调整，如果用选择工具在图像中创建一个选区后，进入快速蒙版模式，这时可以用画笔来扩大（选择白色为前景色）或缩小选区（选择黑色为前景色），也可以用滤镜中的命令来修改选区。

1.　快速蒙版的创建

快速蒙版的创建比较简单，首先在图像中创建任意选区，然后单击工具箱中的"以快速蒙版模式编辑"按钮，或按"Q"键，都可为当前选区创建一个快速蒙版，如图 6.5.7 所示。

图 6.5.7　创建快速蒙版

从图中可以看出，选区外的部分被某种颜色覆盖并保护起来（在默认的情况下是不透明度为 50% 的红色），而选区内的部分仍保持原来的颜色，这时可以对蒙版进行扩大、缩小等各种操作。另外在通道面板的最下方将出现一个"快速蒙版"通道，如图 6.5.8 所示。

图 6.5.8　添加快速蒙版效果

操作完成后，单击工具箱中的"以标准模式编辑"按钮，可以将图像中未被快速蒙版保护的区域转化为选区。

2．编辑快速蒙版

如果对蒙版编辑时进行了各种模糊处理，那么该蒙版中灰度值小于 50%的图像区域将会转化为选区。此时可以对选区中的图像进行各种编辑操作，且各操作只对选区中的图像有效。编辑快速蒙版的方法如下：

（1）添加快速蒙版后，选择菜单栏中的 滤镜(T) → 画笔描边 → 喷溅... 命令，弹出"喷溅"对话框，设置其对话框参数如图 6.5.9 所示。

图 6.5.9 "喷溅"对话框

（2）设置好参数后，单击 确定 按钮，效果如图 6.5.10 所示。

（3）单击工具箱中的"以标准模式编辑"按钮 ，转换到普通模式，此时的效果如图 6.5.11 所示。

图 6.5.10 应用喷溅滤镜效果　　　　图 6.5.11 转换到普通模式效果

（4）按"Ctrl+Shift+I"键反选选区，并用白色填充选区，然后按"Ctrl+D"键取消选区，效果如图 6.5.12 所示。

图 6.5.12 编辑快速蒙版效果

6.5.4　剪贴蒙版

要创建剪贴蒙版，其具体的操作方法如下：

（1）使用移动工具选择需要创建剪贴蒙版的图层，此处选择图层1，如图 6.5.13 所示。

图 6.5.13　原图及选择的图层

（2）选择菜单栏中的 图层(L) → 创建剪贴蒙版(C) 命令，或按"Alt+Ctrl+G"键即可将选择的图层与下面的图层创建一个剪贴蒙版，如图 6.5.14 所示。

图 6.5.14　创建的剪贴蒙版及图层面板的变化

在剪贴蒙版中，上面的图层为内容图层，内容图层的缩览图是缩进的，并显示出一个剪贴蒙版图标 ，下面的图层为基底图层，基底图层的名称带有下画线，移动基底图层会改变内容图层的显示区域，如图 6.5.15 所示。

图 6.5.15　移动基底图层后的效果

要取消剪贴蒙版时，只须选择菜单栏中的 图层(L) → 释放剪贴蒙版(C) 命令，或按"Ctrl+Alt+G"键，即可取消剪贴蒙版。

6.5.5 矢量蒙版

矢量蒙版是通过钢笔工具或形状工具创建的路径来遮罩图像的，它与分辨率无关，因此在进行缩放时可保持对象边缘光滑无锯齿。

选择菜单栏中的 图层(L) → 矢量蒙版(V) 命令，可弹出其子菜单，如图 6.5.16 所示。从中选择相应的命令可创建矢量蒙版。

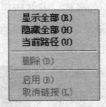

图 6.5.16 矢量蒙版子菜单

选择 显示全部(R) 命令，可为当前图层添加白色矢量蒙版，白色矢量蒙版不会遮罩图像。

选择 隐藏全部(H) 命令，可为当前图层添加黑色矢量蒙版，黑色矢量蒙版将遮罩当前图层中的图像。

选择 当前路径(U) 命令，可基于当前的路径创建矢量蒙版。

创建矢量蒙版后，可通过锚点编辑工具修改路径的形状，从而修改蒙版的遮罩区域，如要取消矢量蒙版时，可选择 图层(L) → 矢量蒙版(V) → 删除(D) 命令进行删除。

6.6 典型实例——制作春景图

本节综合运用前面所学的知识制作春景图，最终效果如图 6.6.1 所示。

图 6.6.1 最终效果图

操作步骤

（1）按"Ctrl+O"键，打开一幅图像文件，如图 6.6.2 所示。

（2）显示通道面板，在其通道面板中选择如图 6.6.3 所示的蓝色通道。

（3）选择菜单栏中的 图像(I) → 应用图像(Y) 命令，弹出"应用图像"对话框，设置其对话框参数如图 6.6.4 所示。设置好参数后，单击 确定 按钮。

中文 Photoshop CS4 图像处理教程

图 6.6.2　打开的图像 　　　　　　　　　　图 6.6.3　通道面板

（4）选择绿色通道，重复步骤（3）的操作，对其应用图像命令，设置其不透明度为"20%"。

（5）选择红色通道，对其进行应用图像命令，并将混合模式设置为"颜色加深"，其他参数为默认值，单击　确定　按钮，效果如图 6.6.5 所示。

图 6.6.4　"应用图像"对话框 　　　　　　　图 6.6.5　调整红色通道效果

（6）选择蓝色通道，按"Ctrl+L"键弹出"色阶"对话框，在 输入色阶(I)：后面的 3 个输入框中分别设置数值为"21，0.75，151"，单击　确定　按钮，可调整红色通道的亮部与暗部层次，效果如图 6.6.6 所示。

（7）选择绿色通道，按"Ctrl+L"键弹出"色阶"对话框，在 输入色阶(I)：后面的 3 个输入框中分别设置数值为"46，1.37，220"，单击　确定　按钮。

（8）选择红色通道，对其应用色阶调整，在"色阶"对话框中的 输入色阶(I)：后面的输入框中分别输入"51，1.28，255"，单击　确定　按钮。

（9）选择 RGB 复合通道，选择菜单栏中的 图像(I) → 调整(A) → 亮度/对比度(C)... 命令，弹出"亮度/对比度"对话框，设置亮度为"−3"，设置对比度为"16"，单击　确定　按钮。

（10）按"Ctrl+U"键，弹出"色相/饱和度"对话框，设置参数如图 6.6.7 所示。

图 6.6.6　调整色阶效果 　　　　　　　　　图 6.6.7　"色相/饱和度"对话框

（11）设置好参数后，单击　确定　按钮，最终效果如图 6.6.1 所示。

122

本 章 小 结

　　本章主要介绍了通道与蒙版的使用方法与技巧，包括通道简介、创建通道、编辑通道、合成通道以及蒙版的使用等知识。通过本章的学习，可使读者对通道和蒙版有更加深刻的认识，进一步巩固通道的使用方法与技巧。

过 关 练 习

一、填空题

　　1．在 Photoshop CS4 中包含 5 种类型的通道，即_____通道、_____通道、_____通道、_____通道和_____通道。

　　2．打开一幅 CMYK 模式的图像时，在通道面板中有 5 个默认的通道，分别是_____、_____、_____、_____和_____。

　　3．在 Photoshop CS4 中，利用通道面板可以创建_____通道和_____通道。

　　4．合并通道时各源文件必须为_____模式，并且_____也要相同，否则不能进行合并。

　　5．在 Photoshop CS4 中有两个图像合成命令，分别是_____和_____。

　　6．在 Photoshop CS4 中，_____被用于保存图像的颜色数据和选区。

　　7．蒙版包括_____、_____、_____、_____和_____ 5 类。

　　8．在 Photoshop CS4 中创建剪贴蒙版的快捷键是_____。

二、选择题

　　1．对于通道面板中各元素的作用，下列选项表述正确的是（　　）。

　　（A）通道可视图标用于缩览显示本通道内的图像效果

　　（B）通道缩览图用于控制通道的显示或隐藏

　　（C）单击"将通道作为选区载入"按钮，可将通道中的选区内容转换为图像

　　（D）每个通道都有一个组合键，在打不开的情况下，用户可以按住键实现通道的选择

　　2．利用 分离通道 命令可以将图像中的通道分离为几个大小相等且独立的（　　）文件。

　　（A）灰度图像　　　　　　　　　　　　　（B）位图图像

　　（C）黑白图像　　　　　　　　　　　　　（D）彩色图像

　　3．在 Photoshop 中，蒙版的形式有（　　）种。

　　（A）2　　　　　　　　　　　　　　　　　（B）3

　　（C）4　　　　　　　　　　　　　　　　　（D）5

　　4．按住（　　）键依次单击需要选择的通道则可同时选中多个通道。

　　（A）Shift　　　　　　　　　　　　　　　（B）Alt

　　（C）Shift+Alt　　　　　　　　　　　　　（D）Ctrl

　　5．在通道面板中，（　　）通道不能更改其名称。

　　（A）Alpha　　　　　　　　　　　　　　　（B）专色

　　（C）复合　　　　　　　　　　　　　　　（D）单色

6．在 Photoshop 中保存图像文件时，使用（ ）格式不能存储通道。

（A）PSD   （B）TIFF

（C）DCS   （D）JPEG

三、简答题

1．在 Photoshop CS4 中，如何创建专色通道与 Alpha 通道？

2．在 Photoshop CS4 中，如何创建通道蒙版与图层蒙版？

3．如何使用应用图像命令合成图像？

4．简述 Photoshop CS4 中蒙版的类型及作用。

四、上机操作题

1．新建一个图像文件，创建一个椭圆选区，并将该选区保存到通道面板中。

2．打开两幅大小相同的图像，练习使用本章所介绍的"应用图像"和"计算"命令来制作各种图像的混合效果。

第*7*章 | 路径的使用

>>>>

章前导航

路径是 Photoshop 中的重要内容，它提供了一种按矢量方法来处理图像的途径，从而使得许多图像处理操作变得简单而准确。本章主要介绍路径的使用方法与技巧。

本章要点

➡ 路径简介

➡ 创建路径工具

➡ 编辑路径工具

➡ 路径的编辑操作

7.1 路 径 简 介

路径是 Photoshop CS4 的重要工具之一，利用路径工具可以绘制各种复杂的图形，并能够生成各种复杂的选区。

7.1.1 路径的概念

路径是由一条或多条直线或曲线的线段构成的。一条路径上有许多锚点，用来标记路径上线段的端点，而每个锚点之间的曲线形状可以是任意的。使用路径可以进行复杂图像的选取，可以将选区进行存储以备再次使用，可以绘制线条平滑的优美图形。

使用路径可以精确地绘制选区的边界，与铅笔工具或其他画笔工具绘制的位图图形不同，路径绘制的是不包含像素的矢量对象。因此，路径与位图图像是分开的，不会打印出来。

路径可以进行存储或转换为选区边界，也可以用颜色填充或描边路径，还可以将选区转换为路径。路径是由锚点、方向线、方向点和曲线线段等部分组合而成的，如图 7.1.1 所示。

其中，A 为曲线线段；B 为方向点；C 为被选择的锚点，呈黑色实心的正方形；D 为方向线；E 为未选择的锚点，呈空心的正方形。

曲线线段：是指两个锚点之间的曲线线段。

方向点与方向线：是指在曲线线段上，每个选中的锚点显示一条或两条方向线，方向线以方向点结束。

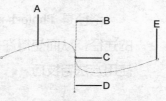

图 7.1.1 路径的组成

锚点：是由钢笔工具创建的，是一个路径中两条线段的交点。

7.1.2 路径面板

路径面板中列出了每条存储的路径、当前工作路径和当前矢量蒙版的名称和缩览图。通过路径面板可以执行所有路径的操作。选择菜单栏中的 窗口(W) ► 路径 命令，即可打开路径面板，如图 7.1.2 所示。

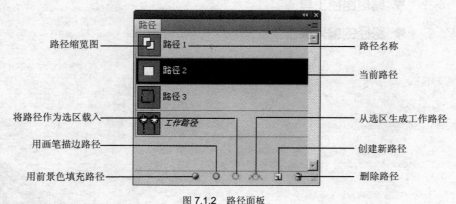

图 7.1.2 路径面板

路径面板中的各项功能介绍如下：

路径列表：在路径列表框中列出了当前图像中的所有路径。

路径面板菜单：单击路径面板右上角的按钮 ，弹出路径面板菜单，从菜单中可以选择相应的对路径进行操作的命令。

"用前景色填充路径"按钮 ：单击此按钮，可将当前的前景色、背景色或图案等内容填充到路径所包围的区域中。

"用画笔描边路径"按钮 ：单击此按钮，可用当前选定的前景色对路径描边。

"将路径作为选区载入"按钮 ：单击此按钮，可将当前选择的路径转换为选区。

"从选区生成工作路径"按钮 ：单击此按钮，可将当前选区转换为路径。

"创建新路径"按钮 ：单击此按钮，可创建新路径。

"删除当前路径"按钮 ：单击此按钮，可删除当前选中的路径。

现在简单介绍路径面板的操作：

（1）在路径面板中可取消或选择路径。如果要选择路径，可在路径面板中单击相应的路径名选择该路径，且一次只能选择一条路径；如果要取消选择路径，在路径面板中的空白区域单击或按回车键即可。

（2）更改路径缩览图的大小。单击路径面板右上角的 按钮，从弹出的菜单中选择 面板选项 命令，即可弹出"路径调板选项"对话框，如图 7.1.3 所示。在 缩览图大小 选项区中提供了可以选择的 3 种路径缩览图的大小。

（3）改变路径的堆迭顺序。在路径面板中选择路径，然后上下拖移路径。当所需位置上出现黑色的实线时，释放鼠标按钮，如图 7.1.4 所示。

图 7.1.3　"路径调板选项"对话框

图 7.1.4　更改路径顺序

7.2　创建路径工具

Photoshop CS4 中提供了多种路径创建工具，例如钢笔工具和自由钢笔工具等，其中钢笔工具是创建路径的主要工具。利用不同类型的钢笔工具可以创建和编辑各种不同形状的路径，包括直线段、曲线段以及闭合路径等。

7.2.1　钢笔工具

钢笔工具的使用方法很简单，首先单击工具箱中的"钢笔工具"按钮 ，其属性栏如图 7.2.1 所示。设置好参数后，在图像中单击鼠标，即可进行节点定义，单击一次鼠标，路径中就会多一个节点，同时节点之间连接在一起，当鼠标放在第一个节点处时，光标变为 形状，然后单击鼠标可将路径封闭。

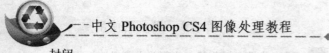

图 7.2.1 "钢笔工具"属性栏

：单击此按钮，就可以在图像中绘制需要的路径。

：单击此按钮，在图像中拖动鼠标可以创建具有前景色的形状图层。

：单击此按钮，在绘制图形时可以直接使用前景色填充路径区域。该按钮只有在选择形状工具时才可以使用。

：该组工具可以直接用来绘制矩形、圆角矩形、椭圆形、多边形、直线等形状。

选中 自动添加/删除 复选框，钢笔工具将具备添加和删除锚点的功能，可以在已有的路径上自动添加新锚点或删除已存在的锚点。

：这 4 个按钮从左到右分别是相加、相减、相交和反交，与选框工具属性栏中的相同，这里不再赘述。

1．绘制直线路径

利用钢笔工具绘制直线路径的具体操作方法如下：

（1）新建一个图像文件，单击工具箱中的"钢笔工具"按钮 ，在图像中适当的位置处单击鼠标，创建直线路径的起点。

（2）将鼠标光标移动到适当的位置处再单击，绘制与起点相连的一条直线路径。

（3）将鼠标光标移动到下一位置处单击，可继续创建直线路径。

（4）将鼠标光标移动到路径的起点处，当鼠标光标变为 形状时，单击鼠标左键即可创建一条封闭的直线路径，如图 7.2.2 所示。

图 7.2.2 绘制的封闭直线路径

2．绘制曲线路径

利用钢笔工具绘制曲线路径的具体操作方法如下：

（1）新建一个图像文件，单击工具箱中的"钢笔工具"按钮 ，在图像中适当的位置处单击鼠标创建曲线路径的起点（即第一个锚点）。

（2）将鼠标光标移动到适当位置再单击并按住鼠标左键拖动，将在起点与该锚点之间创建一条曲线路径。

（3）重复步骤（2）的操作，即可继续创建曲线路径。

（4）将鼠标光标移动到路径的起点处，当鼠标光标变为 形状时，单击鼠标左键即可创建一条封闭的曲线路径，如图 7.2.3 所示。

图 7.2.3　绘制的封闭曲线路径

7.2.2　自由钢笔工具

使用自由钢笔工具可以随意绘制曲线，还可以对图像进行描边，尤其适用于创建精确的图像路径。
单击工具箱中的"自由钢笔工具"按钮 ，其属性栏如图 7.2.4 所示。

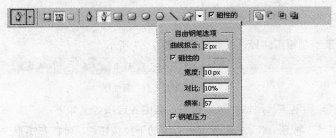

图 7.2.4　"自由钢笔工具"属性栏

选中 磁性的 复选框，自由钢笔工具将变成磁性钢笔工具，和磁性套索工具一样可以自动寻找对
象的边缘，如图 7.2.5 所示。

图 7.2.5　使用磁性钢笔工具绘制路径

在 曲线拟合: 文本框中输入数值，可以控制自由钢笔工具在创建路径时的定位点数，数值范围在
0.5～10 之间。输入的数值越大，定位点数就越少，所创建的路径也就越简单。

在 宽度: 文本框中输入数值，可以自动设定钢笔工具检测的宽度范围。

在 对比 文本框中输入数值，可以控制像素之间可以被看做边缘所需的灵敏度，数值范围在
0～100% 之间。数值越大，要求边缘与周围环境的反差越大。

在 频率: 文本框中输入数值，可以控制在创建的路径上设置的锚点的密度，数值范围在 5～40 之
间。数值越大，定位点越少，数值越小，定位点越多。

选中 钢笔压力 复选框，可以控制在使用光笔绘图板时，钢笔的压力与宽度值之间的关系。

　　提示：使用自由钢笔工具建立路径后，按住"Ctrl"键，可将钢笔工具切换为直接选择工具。按住"Alt"键，移动光标到锚点上，此时将变为转换点工具。若移动到开放路径的两端，将变为自由钢笔工具，并可继续描绘路径。

7.2.3　形状工具

　　如果要创建形状规则的路径，通常可以使用形状工具组来绘制，该工具组中包括矩形工具、圆角矩形工具、多边形工具、椭圆工具、直线工具以及自定形状工具，如图 7.2.6 所示。

图 7.2.6　形状工具组

1．矩形工具

　　矩形工具▭用于绘制矩形路径，其属性栏如图 7.2.7 所示。

图 7.2.7　"矩形工具"属性栏

　　矩形工具属性栏与钢笔工具属性栏基本相同，其中各选项含义如下：

　　（1）"自定义形状"按钮：单击该按钮右侧的下拉按钮，可打开矩形选项面板，如图 7.2.8 所示。

　　1）选中　不受约束　单选按钮，在图像中创建图形将不受任何限制，可以绘制任意形状的图形。

　　2）选中　方形　单选按钮，可在图像文件中绘制方形、圆角方形或圆形。

　　3）选中　固定大小　单选按钮，在其右侧的文本框中输入固定的长宽数值，可以绘制出指定尺寸的矩形、圆角矩形或椭圆形。

　　4）选中　比例　单选按钮，在其右侧的文本框中设置矩形的长宽比例，可绘制出比例固定的图形。

　　5）选中　从中心　复选框后，在绘制图形时将以图形的中心为起点进行绘制。

　　6）选中　对齐像素　复选框后，在绘制图形时，图形的边缘将同像素的边缘对齐，使图形的边缘不会出现锯齿。

　　（2）样式：单击该选项右侧的下拉按钮，弹出样式下拉列表，如图 7.2.9 所示，用户可以在该列表中选择系统自带的样式绘制图形。

图 7.2.8　矩形选项面板

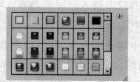

图 7.2.9　样式下拉列表

　　（3）颜色：单击其右侧的色块，弹出"拾色器"对话框，用户可以在拾色器中选择颜色设置形状的填充色。

使用矩形工具在图像中绘制的路径如图 7.2.10 所示。

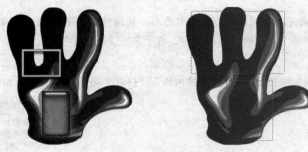

图 7.2.10　使用矩形工具绘制的路径

2．圆角矩形工具

使用圆角矩形工具 ⬜ 可以绘制圆角矩形路径，其属性栏如图 7.2.11 所示。

图 7.2.11　"圆角矩形工具"属性栏

该属性栏与矩形工具属性栏基本相同，在 半径: 文本框中输入数值可设置圆角的大小，当该数值为 0 时，其功能与矩形工具相同。

使用圆角矩形工具设置不同的半径值绘制的路径如图 7.2.12 所示。

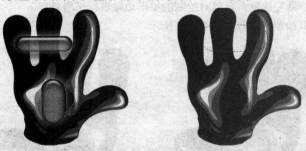

图 7.2.12　使用圆角矩形工具绘制的路径

3．椭圆工具

使用椭圆工具 ⬭ 可以绘制椭圆形和圆形路径，其属性栏如图 7.2.13 所示。

图 7.2.13　"椭圆工具"属性栏

该工具属性栏与矩形工具属性栏完全相同，选择该工具，按住"Shift"键在绘图区拖动鼠标即可创建一个圆形，使用该工具绘制的路径如图 7.2.14 所示。

图 7.2.14　使用椭圆工具绘制的路径

4. 多边形工具

使用多边形工具 ⬡ 可以绘制各种边数的多边形，其属性栏如图 7.2.15 所示。

该工具属性栏同矩形工具属性栏基本相同，在 `边: 5` 文本框中输入数值，可以控制多边形或星形的边数。

单击"自定义形状"按钮 ⬡ 右侧的下拉按钮 ▼，打开多边形选项面板，如图 7.2.16 所示。

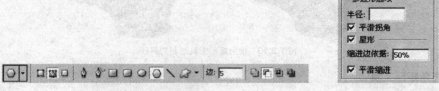

图 7.2.15 "多边形工具"属性栏   图 7.2.16 多边形选项面板

（1）在 `半径:` 文本框中输入数值可设置多边形的中心点至顶点的距离。

（2）选中 `☑ 平滑拐角` 复选框，可以绘制出圆角效果的正多边形或星形。

（3）选中 `☑ 星形` 复选框，在图像文件中可绘制出星形图形。

　1）在 `缩进边依据:` 文本框中输入数值，可控制在绘制多边形时边缩进的程度，输入数值范围在 1～99%，数值越大，缩进的效果越明显。

　2）选中 `☑ 平滑缩进` 复选框，可以对绘制的星形边缘进行平滑处理。

使用多边形工具绘制的路径如图 7.2.17 所示。

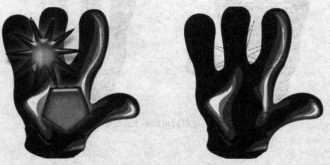

图 7.2.17 使用多边形工具绘制的路径

5. 直线工具

使用直线工具 ╲ 可以绘制线段和箭头，其工具属性栏如图 7.2.18 所示。

该工具属性栏与矩形工具属性栏基本相同，在 `粗细:` 文本框中输入数值可设置线段的粗细。

单击"自定义形状"按钮 ⬡ 右侧的下拉按钮 ▼，打开箭头面板，如图 7.2.19 所示。

图 7.2.18 "直线工具"属性栏   图 7.2.19 箭头面板

（1）选中 `☑ 起点` 复选框，在绘制直线形状时，直线形状的起点处带有箭头。

（2）选中 ☑终点 复选框，在绘制直线形状时，直线形状的终点处带有箭头。如果将 ☑起点 复选框和 ☑终点 复选框都选中，则可以绘制双向箭头。

（3）在 宽度: 文本框中输入数值，可用来控制箭头的宽窄，输入数值范围在 10%～1000% 之间。数值越大，箭头越宽。

（4）在 长度: 文本框中输入数值，可用来控制箭头的长短，输入数值范围在 10%～5000% 之间。数值越大，箭头越长。

（5）在 凹度: 文本框中输入数值，可用来控制箭头的凹陷程度。输入数值范围在 −50%～50% 之间。数值为正时，箭头尾部向内凹陷；数值为负时，箭头尾部向外突出；数值为 0 时，箭头尾部平齐。

使用直线工具在图像中绘制的路径如图 7.2.20 所示。

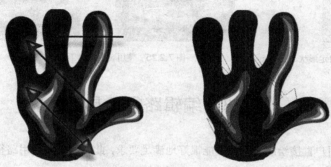

图 7.2.20　使用直线工具绘制的路径

技巧：使用直线工具绘制图形时，按住 "Shift" 键可以绘制水平、垂直和 45° 的直线或箭头图形。

6. 自定形状工具

自定形状工具的主要作用是把一些定义好的图形形状直接使用，使创建图形更加方便快捷。自定形状工具的使用方法同其他形状工具的使用方法一样，单击工具箱中的 "自定形状工具" 按钮 ，属性栏如图 7.2.21 所示。

图 7.2.21　"自定形状工具" 属性栏

单击 "自定形状" 按钮 右侧的下拉按钮 ，打开自定形状选项面板，如图 7.2.22 所示。该面板中各选项含义与矩形选框工具相同。

单击 形状: 右侧的 按钮，将弹出自定形状下拉列表，如图 7.2.23 所示。

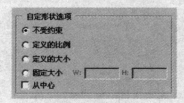

图 7.2.22　自定形状选项面板

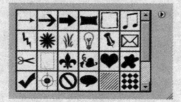

图 7.2.23　自定形状下拉列表

用户可以单击该列表右侧的 ▶ 按钮，从弹出的下拉菜单中可以选择相应的命令进行载入形状和存储自定形状等操作，如图 7.2.24 所示。

使用自定形状工具在图像中绘制的路径如图 7.2.25 所示。

图 7.2.24　加载自定形状　　　　图 7.2.25　使用自定形状工具绘制的路径

7.3　编辑路径工具

通常情况下，用户直接绘制的路径不能很好地满足要求，此时就需要使用路径的编辑工具对路径进行更进一步的编辑。

7.3.1　路径选择工具

路径选择工具可以将路径整体选中，并且能够移动、组合、排列和复制路径。单击工具箱中的"路径选择工具"按钮，其属性栏如图 7.3.1 所示。

图 7.3.1　"路径选择工具"属性栏

选中显示定界框复选框，在路径的周围将显示定界框，拖动定界框各个调节点，即可对路径进行变形，与图像的变形操作一样。如果路径层中有两个以上路径时，单击　组合　按钮，可将多个路径合成一个路径显示，如图 7.3.2 所示。

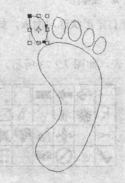

图 7.3.2　组合路径效果

使用路径选择工具对路径进行操作的方法如下：

（1）将鼠标光标放置在定界框 4 个角的调节点上，按下鼠标拖曳，可对图形进行任意缩放变形；

按住"Shift"键拖动鼠标，可对图形进行等比例缩放；按住"Shift+Alt"键拖动鼠标，图形将以调节中心为基准等比例缩放，效果如图 7.3.3 所示。

原始大小　　　　　　　　　任意缩放　　　　　　　　　等比例缩放

图 7.3.3　缩放路径

　　（2）当鼠标显示为弧形的双向箭头时拖动鼠标，路径将以调节中心为轴进行旋转，按住键盘上的"Shift"键旋转路径，可使路径按 15°角的倍数进行旋转，效果如图 7.3.4 所示。

　　（3）按住"Ctrl"键，使用鼠标左键调整定界框上的调节点，可以对路径进行扭曲变形，效果如图 7.3.5 所示。

图 7.3.4　旋转路径　　　　　　　　　　图 7.3.5　扭曲变形路径

7.3.2　直接选择工具

　　使用直接选择工具也可以用来调整形状，主要作用是移动路径中的锚点或线段，其操作方法如下：

　　（1）单击工具箱中的"直接选择工具"按钮 ，然后单击图形中需要调整的路径，此时路径上的锚点全部显示为空心小矩形。将鼠标移动到锚点上单击，当锚点显示为黑色时，表示此锚点处于被选中状态，如图 7.3.6 所示。

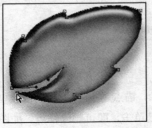

图 7.3.6　选中的锚点

技巧：当需要在路径上同时选择多个锚点时，可以按住"Shift"键，然后依次单击要选择的锚点即可；也可以用框选的方法来选取所需的锚点；若要选择路径中的全部锚点，则可以按住"Alt"键在图形中单击路径，全部锚点显示为黑色时，即表示全部锚点被选择。

（2）拖曳平滑曲线两侧的方向点，可以改变其两侧曲线的形状。

（3）按住"Alt"键的同时用鼠标拖曳路径，可以复制路径，如图 7.3.7 所示。

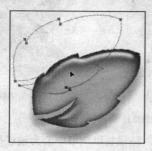

图 7.3.7　复制路径

（4）按住"Ctrl"键，在路径中的锚点或线段上按下鼠标并拖曳，可将直接选择工具转换为路径选择工具；释放鼠标与"Ctrl"键后，再次按住"Ctrl"键在路径中的锚点或在线段上拖曳鼠标，可将路径选择工具转换为直接选择工具。

（5）按住"Shift"键，将鼠标光标移动到平滑点两侧的方向点上按下鼠标并拖曳，可以将平滑点的方向点以 45°角的倍数调整。

7.3.3　添加锚点工具

在创建路径时，有时锚点的数量不能满足需要，这时就要添加锚点。添加锚点可以更好地控制路径的形状。单击工具箱中的"添加锚点工具"按钮，在路径上任意位置单击鼠标，即可在路径中增加一个锚点，效果如图 7.3.8 所示。

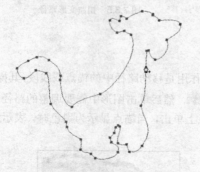

图 7.3.8　添加锚点

7.3.4　删除锚点工具

利用删除锚点工具可以将路径中多余的锚点删除，锚点越少，图像越光滑。单击工具箱中的"删除锚点工具"按钮，将光标放在需要删除的锚点处单击，即可删除锚点。如图 7.3.9 所示为将路径中的锚点删除后的效果。

图 7.3.9 删除锚点

提示：将鼠标移动到需要添加锚点的路径上，单击鼠标右键，在弹出的快捷菜单中选择"添加锚点"命令即可添加锚点；将鼠标移动到需要删除的锚点上，单击鼠标右键，在弹出的快捷菜单中选择"删除锚点"命令即可删除锚点。

7.3.5 转换点工具

利用转换点工具可以修改编辑路径中的锚点，使路径更加精确。单击工具箱中的"转换点工具"按钮 ，在路径中单击鼠标，锚点的调节手柄将被显示出来，将鼠标放在调节手柄上两端的锚点上时，鼠标光标变为 形状，此时就可以对锚点进行编辑，效果如图 7.3.10 所示。

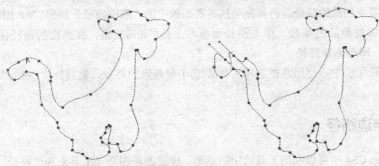

图 7.3.10 用转换点工具修改路径的效果

7.4 路径的编辑操作

路径的编辑操作主要包括复制与删除路径、描边与填充路径、显示和隐藏路径以及路径与选区的相互转换等。本节对其进行详细介绍。

7.4.1 复制和删除路径

复制路径的方法有以下 3 种：

（1）直接用鼠标将需要复制的路径拖动到路径面板底部的"创建新路径"按钮 上，释放鼠标，即可复制路径，如图 7.4.1 所示。

图 7.4.1　复制路径

（2）单击路径面板右上角的　按钮，在弹出的路径面板菜单中选择 复制路径... 命令，可弹出如图 7.4.2 所示的"复制路径"对话框，在其中设置适当的参数后，单击 确定 按钮，即可复制路径。

图 7.4.2　"复制路径"对话框

（3）使用路径选择工具　选中要进行复制的路径，然后按住"Alt"键不放，将其进行拖动，即可完成路径的复制。

在 Photoshop CS4 中，删除路径常用的方法有以下 3 种：

（1）选择需要删除的路径，将其拖动到路径面板中的"删除路径"按钮 　 上即可删除路径。

（2）选择需要删除的路径，单击路径面板右上角的　按钮，在弹出的路径面板菜单中选择 删除路径 命令，即可删除路径。

（3）在路径面板中，使用路径选择工具　选中要删除的路径，然后按"Delete"键，即可删除路径。

7.4.2　描边路径

在 Photoshop CS4 中可以利用工具箱中的画笔、橡皮擦和图章等工具来描边路径。在进行路径描边时，应先定义好描边工具的属性。

现在通过一个例子来介绍路径的描边。具体操作方法如下：

（1）首先在图像中创建需要进行描边的路径，如图 7.4.3 所示。

图 7.4.3　绘制的路径及路径面板

（2）单击路径面板右上角的　按钮，在弹出的路径面板菜单中选择 描边路径... 命令，可弹出如图 7.4.4 所示的"描边路径"对话框，在 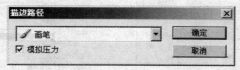 下拉列表中选择描边所用的绘画工具。

图 7.4.4 "描边路径"对话框

（3）单击"画笔工具"属性栏中的"切换画笔面板"按钮 ，在弹出的画笔面板中设置其参数如图 7.4.5 所示。

（4）设置完参数后，单击路径面板底部的"用画笔描边路径"按钮 ，效果如图 7.4.6 所示。

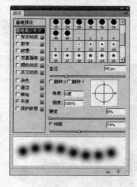

图 7.4.5 画笔面板

图 7.4.6 描边路径效果

7.4.3 填充路径

填充路径是用指定的颜色和图案来填充路径内部的区域。在进行填充前，应注意要先设置好前景色或背景色；如果要使用图案填充，则应先将所需的图像定义成图案。

现在通过一个例子来介绍路径的填充。具体操作方法如下：

（1）首先在图像中创建需要进行填充的路径，如图 7.4.7 所示。

图 7.4.7 绘制的路径及路径面板

（2）单击路径面板右上角的 按钮，在弹出的路径面板菜单中选择 填充路径… 命令，可弹出如图 7.4.8 所示的"填充路径"对话框。

（3）在 使用(U): 下拉列表中选择所需的填充方式，如选择用图案填充，并将其 不透明度(O): 设为 80%，单击 确定 按钮，效果如图 7.4.9 所示。

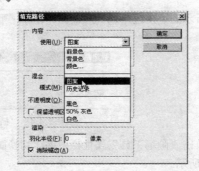

图 7.4.8 "填充路径"对话框

技巧: 单击路径面板底部的"用前景色填充路径"按钮 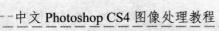,即可直接使用前景色填充路径,效果如图 7.4.10 所示。

图 7.4.9 使用图案填充路径效果   图 7.4.10 使用前景色填充路径效果

7.4.4 显示和隐藏路径

在处理图像的过程中,如果窗口中的图像太多,可以将不需要的图层和通道内容隐藏起来,路径也一样,在路径面板中选中需要隐藏的路径,然后按"Ctrl+H"键可将路径隐藏,再次按"Ctrl+H"键可以将路径显示出来。

7.4.5 将选区转换为路径

将选区转换为路径有以下两种方法:

(1)在图像中创建选区后,单击路径面板底部的"从选区生成工作路径"按钮 ,即可将该选区转换为工作路径,如图 7.4.11 所示。

图 7.4.11 将选区转换为工作路径

（2）在图像中创建选区后，单击路径面板右上角的 ▼▤ 按钮，在弹出的路径面板菜单中选择 **建立工作路径...** 命令，可弹出如图 7.4.12 所示的"建立工作路径"对话框，在其中设置适当的参数后，单击 **确定** 按钮，即可将选区转换为路径。

图 7.4.12 "建立工作路径"对话框

7.4.6 将路径转换为选区

用户不仅能够将选区转换为路径，而且还能够将所绘制的路径作为选区进行处理。要将路径转换为选区，只须单击路径面板中的"将路径作为选区载入"按钮 ⬭，即可将路径转换为选区。如果某些路径未封闭，则在将路径转换为选区时，系统自动将该路径的起点和终点相连形成封闭的选区。具体操作方法如下：

（1）新建一个图像文件，在图像中使用多边形工具绘制一个路径，如图 7.4.13 所示。

（2）在路径面板底部单击"将路径作为选区载入"按钮 ⬭，可直接将路径转换为选区，效果如图 7.4.14 所示。

图 7.4.13 绘制路径

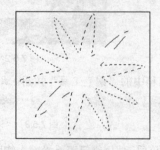

图 7.4.14 将路径转换为选区

（3）选择渐变工具对图像进行渐变填充，再按"Ctrl+D"键取消选区，效果如图 7.4.15 所示。

此外，在路径面板中单击右上角的 ▼▤ 按钮，从弹出的下拉菜单中选择 **建立选区...** 命令，弹出 **建立选区** 对话框，可在将路径转换为选区时利用 **建立选区** 对话框设置选区的羽化半径、是否消除锯齿，以及和原有选区的运算关系等，如图 7.4.16 所示。

图 7.4.15 以渐变色填充选区效果

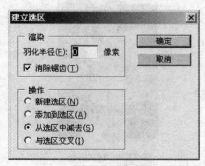

图 7.4.16 "建立选区"对话框

7.5 典型实例——抠图效果

本节综合运用前面所学的知识抠出图像中的人物图像，最终效果如图 7.5.1 所示。

图 7.5.1 最终效果图

操作步骤

（1）按 "Ctrl+O" 键，打开一幅图像文件，如图 7.5.2 所示。

图 7.5.2 打开的图像

（2）单击工具箱中的 "钢笔工具" 按钮 ，设置其属性栏参数如图 7.5.3 所示。

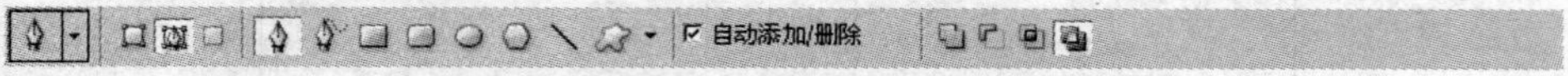

图 7.5.3 "钢笔工具" 属性栏

（3）设置好参数后，使用钢笔工具沿着人物图像的边缘拖动鼠标，绘制封闭路径，效果如图 7.5.4 所示。

（4）切换到路径面板，单击路径面板底部的 "将路径作为选区载入" 按钮 ，将路径转换为选区，效果如图 7.5.5 所示。

图 7.5.4 建立路径

图 7.5.5 将路径转换为选区

（5）按 "Ctrl+C" 键复制选区内的内容，然后按 "Ctrl+V" 键进行粘贴，使用移动工具将粘贴后的图像移动一定的距离，效果如图 7.5.6 所示。

（6）选择 编辑(E) → 变换 → 水平翻转(H) 命令，对复制后的图像进行水平翻转，效果如图 7.5.7
所示。

图 7.5.6　复制并粘贴选区内图像　　　　　　　　图 7.5.7　水平翻转图像

（7）单击工具箱中的"自定形状工具"按钮 ，设置其属性栏参数如图 7.5.8 所示。

图 7.5.8　"自定形状工具"属性栏

（8）设置好参数后，在图像中绘制一个形状，最终效果如图 7.5.1 所示。

本 章 小 结

　　本章主要介绍了路径的使用技巧，包括路径简介、创建路径工具、编辑路径工具以及路径的编辑
操作等内容。通过本章的学习，读者应该对路径的概念有较为深刻的理解，能够熟练使用各种绘制路
径工具和编辑工具绘制较为复杂的曲线，并掌握路径的编辑技巧。

过 关 练 习

一、填空题

1. 路径是由_____、_____、_____和_____等部分组合而成。

2. 用户可以使用_____工具和_____工具创建路径。

3. 编辑路径的工具有_____、_____、_____、_____和_____5 种。

4. 使用自由钢笔工具建立路径后，按住_____键，可将自由钢笔工具切换为直接选择工具；
按住_____键，移动光标到锚点上，此时将变为转换点工具。

5. 在 Photoshop CS4 中，绘制形状的工具包括_____、_____、_____、_____、
_____和_____6 种。

二、选择题

1. 在"工作路径"状态下，路径面板菜单中不可用的命令是（　　）。

　　（A）复制路径　　　　　　　　　　　　（B）删除路径

　　（C）存储路径　　　　　　　　　　　　（D）建立选区

2. 使用（　　）工具可以改变路径的方向线。

　　（A）路径选择　　　　　　　　　　　　（B）直接选择

（C）转换点　　　　　　　　　　　　（D）钢笔

3．要将当前的路径转换为选区，可单击路径面板底部的（　）按钮。

（A）　　　　　　　　　　　　　　　（B）

（C）　　　　　　　　　　　　　　　（D）

4．单击工具箱中（　）可以将角点与平滑点进行转换。

（A）转换点工具　　　　　　　　　　（B）直接选择工具

（C）路径选择工具　　　　　　　　　（D）添加锚点工具

5．不能直接进行剪切操作的路径是（　）。

（A）工作路径和普通路径　　　　　　（B）工作路径

（C）普通路径　　　　　　　　　　　（D）以上都不对

三、简答题

1．简述路径的概念及作用。

2．在 Photoshop CS4 中，用来绘制路径的工具有哪些？

3．选区和路径之间是如何进行转换的？

四、上机操作题

1．新建一幅图像，练习使用钢笔工具、自由钢笔工具以及形状工具绘制所需的路径。

2．创建一个路径，使用本章所学的内容对创建的路径进行填充和描边，并将其转换为选区。

第8章 | 校正图像颜色

>>>>>

章前导航

图像的色彩是吸引人视觉的第一要素，任何图像的处理都离不开色彩。Photoshop CS4 中提供了丰富的色彩处理功能，使用这些功能可以校正图像的色彩、亮度以及对比度等，从而使图像生动、逼真，更具魅力。本章主要介绍校正图像颜色的方法与技巧。

本章要点

➡ 图像色调调整命令

➡ 图像色彩平衡调整命令

➡ 普通色彩和色调调整命令

➡ 特殊色彩调整命令

8.1 图像色调调整命令

图像色调的调整主要是调整图像的整体明暗程度。在 Photoshop CS4 中，用于调整图像色调的命令主要有自动色调、色阶和曲线 3 个命令。

8.1.1 自动色调

自动色调命令可用于处理对比不强的图像文件，使用此命令可自动增强图像的对比度。在调整图像过程中，它将各个通道中的最亮和最暗像素自动映射为白色和黑色，然后按照比例重新分配中间像素值。

8.1.2 色阶

色阶命令允许用户通过修改图像的暗调、中间调和高光的亮度水平来调整图像的色调范围和颜色平衡。选择 图像(I) → 调整(A) → 色阶 (L)... 命令，弹出"色阶"对话框，如图 8.1.1 所示。

该对话框显示了选中的某个图层或单层的整幅图像的色彩分布情况。呈山峰状的图谱显示了像素在各个颜色处的分布，峰顶表示具有该颜色的像素数量众多。左侧表示暗调区域，右侧表示高光区域。

（1） 通道(C)：用来选择设定调整色阶的通道。在其右侧单击 RGB ▼ 下拉按钮，弹出下拉列表如图 8.1.2 所示，可从中选择一种选项来进行颜色通道的调整。

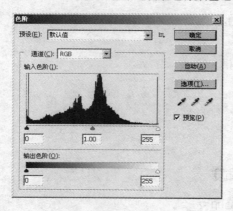

图 8.1.1 "色阶"对话框   图 8.1.2 通道下拉列表

（2） 输入色阶(I)：用于通过设置暗调、中间调和高光的色调值来调整图像的色调和对比度。

输出色阶(O)：在对应的文本框中输入数值或拖动滑块来调整图像的色调范围，即可增高或降低图像的对比度。

（3） 载入(L)... 按钮：可以载入一个色阶文件作为对当前图像的调整。

（4） 存储(S)... 按钮：可以将当前设置的参数进行存储。

（5） 自动(A) 按钮：可以将"暗部"和"亮部"自动调整到最暗和最亮。

（6） 选项(T)... 按钮：单击该按钮即可弹出"自动颜色校正选项"对话框，如图 8.1.3 所示。在此对话框中可设置各种颜色校正选项。

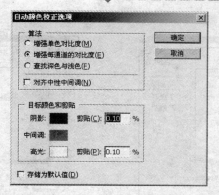

图 8.1.3　"自动颜色校正选项"对话框

　　"设置黑场"按钮 🖊：用来设置图像中阴影的范围。选择该按钮，在图像中选取相应的点单击，单击后图像中比选取点更暗的像素颜色将会变得更深（黑色选取点除外）。

　　"设置灰点"按钮 🖊，用来设置图像中中间调的范围。选择该按钮，在图像中选取相应的点单击，单击处颜色的亮度将成为图像的中间色调范围的平均亮度。

　　"设置白场"按钮 🖊，用来设置图像中高光的范围。选择该按钮，在图像中选取相应的点单击，单击后图像中比选取点更亮的像素颜色将会变得更浅（白色选取点除外）。

　　设置好参数后，单击 确定 按钮，效果如图 8.1.4 所示。

图 8.1.4　应用色阶命令前后效果对比

8.1.3　曲线

　　曲线命令的功能比较强大，它不仅可以调整图像的亮度，还可以调整图像的对比度与色彩范围。曲线命令与色阶命令类似，不过它比色阶命令的功能更全面、更精密。

　　打开一幅需要调整的图像，选择菜单栏中的 图像(I) → 调整(A) → 曲线(U)... 命令，弹出"曲线"对话框，或按"Ctrl+M"键，可弹出"曲线"对话框，如图 8.1.5 所示。

　　在 通道(C): 下拉列表中可选择要调整色调的通道。

　　改变对话框中曲线框中的线条形状就可以调整图像的亮度、对比度和色彩平衡等。曲线框中的横坐标表示原图像的色调，对应值显示在 输入(I): 输入框中；纵坐标表示新图像的色调，对应值显示在 输出(O): 输入框中，数值范围在 0～255 之间。调整曲线形状有两种方法：

　　（1）使用曲线工具 〰。在"曲线"对话框中单击"曲线工具"按钮 〰，将鼠标移至曲线框中，当鼠标指针变成 ✛ 形状时，单击一下可以产生一个节点。该节点的输入与输出值显示在 输入(I): 与 输出(O): 输入框中。用鼠标拖动节点改变曲线形状，如图 8.1.6 所示。曲线向左上角弯曲，色调变亮；

曲线向右下角弯曲，色调变暗。

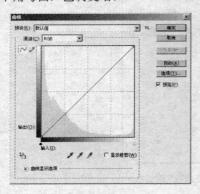
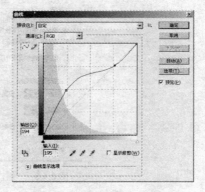

图 8.1.5 "曲线"对话框　　　　　　　图 8.1.6 使用曲线工具改变曲线形状

（2）使用铅笔工具 。在"曲线"对话框中单击"铅笔工具"按钮 ，在曲线框内移动鼠标就可以绘制曲线，如图 8.1.7 所示。使用铅笔工具绘制曲线时，对话框中的 平滑(M) 按钮将显示为可用状态，单击此按钮，可改变铅笔工具绘制的曲线的平滑度。

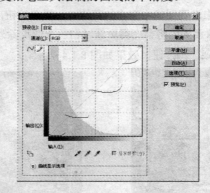

图 8.1.7 使用铅笔工具改变曲线形状

在"曲线"对话框中的曲线框左侧与下方各有一个亮度杆，单击它可以切换成以百分比为单位显示输入与输出的坐标值，如图 8.1.8 所示。在切换数值显示方式的同时，改变亮度的变化方向。默认状态下，亮度杆代表的颜色是从黑到白，从左到右输出值逐渐增加，从下到上输入值逐渐增加。当切换为百分比显示时，黑白互换位置，变化方向与原来相反，即曲线越向左上角弯曲，图像色调越暗；曲线越向右下角弯曲，图像色调越亮。

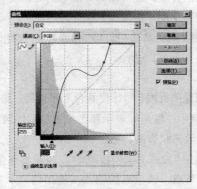

图 8.1.8 两种不同的坐标

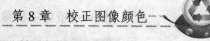

在"曲线"对话框中设置好曲线形状后，单击 确定 按钮，效果如图 8.1.9 所示。

图 8.1.9 应用曲线命令前后效果对比

8.2 图像色彩平衡调整命令

在 Photoshop CS4 中提供了多种用于调整色彩平衡的命令，如色彩平衡、色相/饱和度以及替换颜色等命令，下面分别对其进行介绍。

8.2.1 替换颜色

替换颜色命令可将要替换的颜色创建为一个临时蒙版，并用其他的颜色替换原有颜色，同时还可以替换色彩的色相、饱和度和亮度。

选择 图像(I) → 调整(A) → 替换颜色(R)... 命令，弹出"替换颜色"对话框，如图 8.2.1 所示。

此颜色框中的颜色为所选的需要替换的颜色

调整色相、饱和度、明度数值后，在此颜色框中可显示出调整出的将要替换的颜色

图 8.2.1 "替换颜色"对话框

调整图像时，先选中预览框下方的 选区(C) 单选按钮，利用对话框左上方的 3 个吸管单击图像，可得到蒙版所表现的选区：蒙版区域（非选区）为黑色，非蒙版区域（选区）为白色，灰色区域为不同程度的选区。

"选区"选项的用法是：先设置 颜色容差(F): 值，数值越大，可被替换颜色的图像区域越大，然后使用对话框中的吸管工具在图像中选择需要替换的颜色。用吸管工具 连续取色表示增加选择区域，用吸管工具 连续取色表示减少选择区域。

设置好需要替换的颜色区域后，将 替换 选项区中 色相(H): 、饱和度(A): 、明度(G): 数值进行替换。

单击 确定 按钮，可替换图像中选取的颜色。如图 8.2.2 所示为替换颜色前后效果对比。

图 8.2.2　替换颜色前后效果对比

8.2.2　色彩平衡

利用色彩平衡命令可以进行一般性的色彩校正，可更改图像的总体混合颜色，但不能精确控制单个颜色成分，只能作用于复合颜色通道。

使用色彩平衡命令调整图像，具体的操作方法如下：

（1）打开一幅需要调整色彩平衡的图像。

（2）选择 图像(I) → 调整(A) → 色彩平衡(B)... 命令，弹出 色彩平衡 对话框，如图 8.2.3 所示。

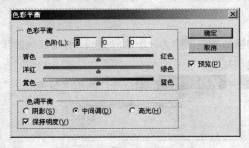

图 8.2.3　"色彩平衡"对话框

（3）在 色彩平衡 选项区中选择需要更改的色调范围，其中包括阴影、中间调和高光选项。

（4）选中 ☑ 保持明度(V) 复选框，可保持图像中的色彩平衡。

（5）在 色彩平衡 选项区中通过调整数值或拖动滑块，便可对图像色彩进行调整。同时，色阶(L): 3 个输入框中的数值将在-100～100 之间变化。将色彩调整到满意效果后，单击 确定 按钮即可。

如图 8.2.4 所示的是调整色彩平衡前后效果对比。

图 8.2.4　调整色彩平衡前后效果对比

8.2.3 色相/饱和度

对色相的调整表现为在色轮中旋转，也就是颜色的变化；对饱和度的调整表现为在色轮半径上移动，也就是颜色浓淡的变化。

选择 图像(I) → 调整(A) → 色相/饱和度(H)... 命令，弹出"色相/饱和度"对话框，如图 8.2.5 所示。在该对话框中可以调整图像的色相、饱和度和明度。

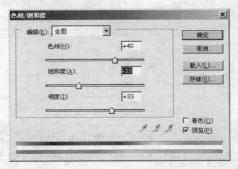

图 8.2.5 "色相/饱和度"对话框

在对话框底部显示有两个颜色条，第一个颜色条显示了调整前的颜色，第二个颜色条则显示了如何以全饱和的状态影响图像所有的色相。

调整时，先在 编辑(E): 下拉列表中选择调整的颜色范围。如果选择 全图 选项，则可一次调整所有颜色；如果选择其他范围的选项，则针对单个颜色进行调整。

确定好调整范围后，便可对 色相(H)、饱和度(A): 和 明度(I): 的数值进行调整，这些图像的色彩会随数值的调整而变化。

色相(H):后面的文本框中显示的数值反映颜色轮中从像素原来的颜色旋转的度数，正值表示顺时针旋转，负值表示逆时针旋转。其取值范围在-180～180 之间。

饱和度(A):可调整图像颜色的饱和度，数值越大饱和度越高。其取值范围在-100～100 之间。

明度(I):数值越大明度越高。其取值范围在-100～100 之间。

选中 ☑ 着色(O) 复选框，可为灰度图像上色，或创建单色调图像效果。

如图 8.2.6 所示的是调整色相/饱和度前后效果对比。

图 8.2.6 应用色相/饱和度命令前后效果对比

8.2.4 可选颜色

利用可选颜色命令可以选择某种颜色范围进行有针对性的调整，在不影响其他原色的情况下调整

图像中某种原色的数量。此命令主要利用 CMYK 颜色来对图像的颜色进行调整。

选择 图像(I) ➝ 调整(A) ➝ 可选颜色(S) 命令，弹出"可选颜色"对话框，如图 8.2.7 所示。

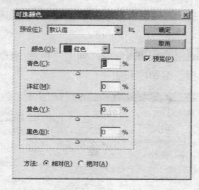

图 8.2.7 "可选颜色"对话框

可选颜色校正是高端扫描仪和分色程序使用的一种技术，用于在图像中的每个主要原色成分中更改印刷色数量。用户可以有选择地修改任何主要颜色中的印刷色数量而不会影响其他主要颜色，该命令使用 CMYK 颜色来校正图像。

"可选颜色"对话框中各选项含义如下：

（1）颜色(O)：该选项区用于设置需要调整的颜色，单击其右侧的下拉按钮，弹出颜色下拉列表，其中包括红色、黄色、绿色、青色、蓝色、洋红、白色、中性色和黑色。

（2）分别在 青色(C)：、洋红(M)：、黄色(Y)：和 黑色(B)：右侧的文本框中输入数值或拖动其下方的滑块，可以增加或减少所选颜色中的像素。

（3）方法：该选项用于设置图像中颜色的调整是相对于原图像调整，还是使用调整后的颜色覆盖原图。

1）选中 相对(R) 单选按钮表示按照总量的百分比更换现有的青色、洋红、黄色或黑色的量。

2）选中 绝对(A) 单选按钮表示采用绝对值调整颜色。

设置完成后，单击 确定 按钮，效果如图 8.2.8 所示。

图 8.2.8 应用可选颜色命令前后效果对比

8.2.5 匹配颜色

匹配颜色命令通过匹配一幅图像与另一幅图像的色彩模式，使更多图像之间达到一致外观。下面举例说明匹配颜色命令的使用方法。

（1）打开如图 8.2.9 所示的两幅图像，其中图（a）为源图像，即需要调整颜色的图像，图（b）为目标图像。

（a）   （b）

图 8.2.9　源图像与目标图像

（2）使图 8.2.9（a）的图像成为当前可编辑图像，然后选择菜单栏中的 图像(I) → 调整(A) → 匹配颜色(M)... 命令，弹出 匹配颜色 对话框，从 源(S) 下拉列表中选择目标图像，如图 8.2.10 所示。

（3）调整 图像选项 选项区中的亮度、颜色强度、渐隐参数。

1）明亮度(L)：用于增加或减小目标图像的亮度，其最大值为 200，最小值为 1。

2）颜色强度(C)：用于调整目标图像的色彩饱和度，其最大值为 200，最小值为 1（灰度图像），默认值为 100。

3）渐隐(F)：用于控制应用于图像的调整量，向右移动滑块可减小调整量。

4）选中 ☑ 中和(N) 复选框，可以自动移去目标图像的色痕。

（4）设置好参数后，单击 确定 按钮，即可按指定的参数使源图像和目标图像的颜色匹配，效果如图 8.2.11 所示。

图 8.2.10　选择目标图像　　　　　　　图 8.2.11　应用匹配颜色效果

8.2.6　通道混合器

使用通道混合器命令可以调整某一个通道中的颜色成分，可以将每一个通道的颜色理解成是由青色、洋红、黄色、黑色 4 种颜色调配出来的。而且默认情况下每一个通道中添加的颜色只有一种，即

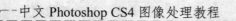
通道所对应的颜色。

选择菜单栏中的 图像(I) → 调整(A) → 通道混合器(X)... 命令，弹出 通道混和器 对话框，如图 8.2.12 所示。

图 8.2.12 "通道混合器"对话框

在 输出通道: 下拉列表中可选择一个通道。当图像为 RGB 模式时，在此下拉列表中有 3 个通道，即红、绿、蓝；当所需要调整的图像模式为 CMYK 时，此下拉列表中有 4 个通道，即青色、洋红色、黄色、黑色。

在 源通道 选项区中可设置其中一个通道的参数，向左拖动滑块，可减少源通道在输出通道中所占的百分比，向右拖动滑块，效果则相反。

拖动 常数(N): 滑块，改变常量值，可在输出通道中加入一个透明的通道。当然，透明度可以通过滑块或数值调整，负值时为黑色通道，正值时为白色通道。

若选中 ☑ 单色(H) 复选框，则可对所有输出通道应用相同的设置，创建出灰阶的图像。

单击 确定 按钮，调整通道混合器前后效果对比如图 8.2.13 所示。

图 8.2.13 调整通道混合器前后效果对比

8.3 普通色彩和色调调整命令

利用亮度/对比度、变化以及照片滤镜等命令，可以快速改变图像中的颜色和亮度值，但这些命令很难做到色彩的精确调整。

8.3.1 自动对比度

自动对比度可以自动调整图像亮部和暗部的对比度。它会将图像中最暗的像素转换为黑色，将最亮的像素转换为白色，使原图像中亮的区域更亮，暗的区域更暗，从而加大图像的对比度，如图 8.3.1

所示。

图 8.3.1 应用自动对比度前后效果对比

8.3.2 自动颜色

自动颜色命令可以自动调整图像颜色，其主要针对图像的亮度和颜色之间的对比度，如图 8.3.2 所示。

图 8.3.2 应用自动颜色前后效果对比

8.3.3 照片滤镜

照片滤镜命令是从 Photoshop CS 才开始新增的一项命令，它可快速改变图像的主色调，其效果与照相时在标准相机透镜前增加一个颜色滤镜的效果基本相同。选择菜单栏中的 图像(I) → 调整(A) → 照片滤镜(F)... 命令，弹出"照片滤镜"对话框，如图 8.3.3 所示。

图 8.3.3 "照片滤镜"对话框

选中 滤镜(F): 单选按钮，单击其右侧的下拉按钮 ，弹出其下拉列表，用户可根据需要选择相应的滤镜或颜色。下面介绍各滤镜的功能。

加温滤镜（85 和 LBA）和冷却滤镜（80 和 LBB）是平衡图像色彩的颜色转换滤镜。如果图像是使用色温较低的光（如微黄色）拍摄的，则冷却滤镜（80）使图像的颜色更蓝，以便补偿色温较低的环境光。相反，如果照片是用色温较高的光（如微蓝色）拍摄的，则加温滤镜（85）会使图像的颜色更暖，以便补偿色温较高的环境光。

加温滤镜（81）和冷却滤镜（82）使用光平衡滤镜来对图像的颜色品质进行细微调整，加温滤镜（81）使图像变暖（如变黄），冷却滤镜（82）使图像变冷（如变蓝）。

选中 ⊙ **颜色(C)**: 单选按钮，单击其右侧的色块，可以使用拾色器为自定颜色滤镜指定颜色。

在 **浓度(D)** 右侧的文本框中输入数值或拖动其下方的滑块可以调整颜色的浓度，值越大，颜色调整幅度越大。

使用照片滤镜命令调整图像，效果如图 8.3.4 所示。

图 8.3.4　应用照片滤镜命令前后效果对比

8.3.4　亮度/对比度

亮度/对比度命令是通过调整图像的亮度和对比度来改变图像的色调。选择 **图像(I)** ➝ **调整(A)** ➝ **亮度/对比度(C)** 命令，弹出"亮度/对比度"对话框，如图 8.3.5 所示。

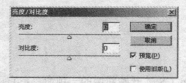

图 8.3.5　"亮度/对比度"对话框

亮度(B): 用于调整图像的亮度，向左移动滑块，图像越来越暗；向右移动滑块，图像越来越亮。也可在其右侧的文本框中输入数值进行调整，数值范围为−100～100。

对比度(C): 用于调整图像的对比度，向左移动滑块，图像对比度减弱；向右移动滑块，图像的对比度加强。也可在其右侧的文本框中输入数值进行调整，输入数值范围为−100～100。

如图 8.3.6 所示为利用亮度/对比度命令调整图像后的效果。

图 8.3.6　应用亮度/对比度命令前后效果对比

8.3.5　阴影/高光

阴影/高光命令适用于校正由强逆光而形成剪影的照片，或者校正由于太接近相机闪光灯而有些发白的焦点。阴影/高光命令不是简单地使图像变亮或变暗，它基于阴影或高光中的周围像素（局部相邻像素）增亮或变暗。

打开一幅需要调整的图像，选择菜单栏中的 图像(I) → 调整(A) → 阴影/高光(W) 命令，弹出"阴影/高光"对话框，如图 8.3.7 所示。

在 阴影 选项区中的 数量(A): 输入框中输入数值或拖动相应的滑块，可设置暗部数量的百分比，数值越大，图像越亮。而在 高光 选项区中的 数量(U): 输入框中输入数值或拖动相应的滑块，可设置高光数量的百分比，数值越大，图像就越暗。

选中 ☑ 显示更多选项(O) 复选框，"阴影/高光"对话框将显示成如图 8.3.8 所示的状态，在此对话框中可以进行更精确的调整。

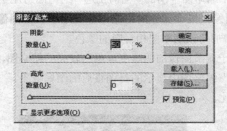

图 8.3.7　"阴影/高光"对话框

图 8.3.8　"阴影/高光"对话框的其他选项

在 色调宽度(N): 输入框中输入数值，可设置阴影或高光中色调的修改范围。

在 半径(D): 输入框中输入数值，可设置每个像素周围的局部相邻像素的大小。

设置好参数后，单击 确定 按钮，图像效果如图 8.3.9 所示。

图 8.3.9　应用阴影/高光命令前后效果对比

8.3.6　变化

变化命令通过显示替代物的缩略图来综合调整图像的色彩平衡、对比度和饱和度。此命令对于不

需要精确调整颜色的平均色调图像最为有用，但不适用于索引颜色图像或 16 位/通道的图像。

选择菜单栏中的 图像(I) → 调整(A) → 变化(N)... 命令，弹出 变化 对话框，如图 8.3.10 所示。

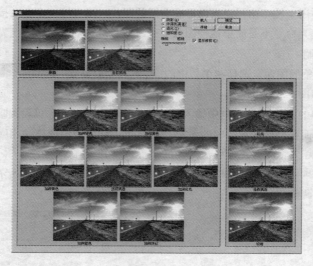

图 8.3.10 "变化"对话框

在此对话框的左下方有 7 个缩略图，这 7 个缩略图中间的"当前挑选"缩略图与左上角的"当前挑选"缩略图作用相同，用于显示调整后的图像效果。其他的缩略图分别用于改变图像的 RGB 与 CMY 六种颜色，单击其中任一缩略图，均可增加与该缩略图相对应的颜色。

在此对话框的右下方有 3 个缩略图，可用于调节图像的明暗度，单击较亮的缩略图，图像变亮；单击较暗的缩略图，图像变暗，在"当前挑选"缩略图中显示的是调整后的图像效果。

如图 8.3.11 所示的是调整变化前后效果对比。

图 8.3.11 调整变化前后效果对比

8.4 特殊色彩调整命令

在 Photoshop CS4 中除了普通的色彩与色调调整功能外，还提供了一些用于调整特殊颜色的命令。本节主要介绍这些命令的功能与使用方法。

8.4.1 反相

反相命令能将图像进行反转，即转化图像为负片，或将负片转化为图像。

打开一幅需要调整的图像后，选择菜单栏中的 图像(I) → 调整(A) → 反相(I) 命令，也可按
"Ctrl+I"键，通道中每个像素的亮度值会被直接转换为当前图像中颜色的相反值，即白色变为黑色。
应用反相命令前后效果对比如图 8.4.1 所示。

图 8.4.1　应用反相命令前后效果对比

提示： 在实际的图像处理过程中，可以使用反相命令创建边缘蒙版，以便向图像中选定的
区域应用锐化滤镜或进行其他调整。

8.4.2　阈值

阈值命令可以将一张灰度图像或彩色图像转换为高对比度的黑白图像。

应用阈值命令调整图像，具体的操作方法如下：

（1）打开一幅灰度或彩色图像。

（2）选择菜单栏中的 图像(I) → 调整(A) → 阈值(T)... 命令，弹出 阈值 对话框，如图 8.4.2 所示。

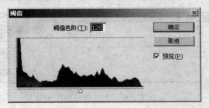

图 8.4.2　"阈值"对话框

（3）在 阈值色阶(T): 输入框中输入数值，可改变阈值色阶的大小，其范围在 1～255 之间。输入的
数值越大，黑色像素分布越广；输入的数值越小，白色像素分布越广。

（4）设置好参数后，单击 确定 按钮。

如图 8.4.3 所示为应用阈值命令前后效果对比。

图 8.4.3　应用阈值命令前后效果对比

8.4.3　去色

去色命令可将彩色图像转换为灰度图像，但图像的颜色模式保持不变。例如，它为 RGB 图像中的每个像素指定相等的红色、绿色和蓝色值，而每个像素的明度值不改变。

打开需要转换颜色的图像后，选择菜单栏中的 图像(I) → 调整(A) → 去色(D) 命令即可将图像转换为灰阶，如图 8.4.4 所示。

图 8.4.4　应用去色命令前后效果对比

8.4.4　色调分离

使用色调分离命令，可以设置图像中每个通道亮度值的数目，然后将像素映射为最接近的匹配颜色。该命令对图像的调整效果与阈值命令相似，但比阈值命令调整的图像色彩更丰富。

选择 图像(I) → 调整(A) → 色调分离(P)... 命令，弹出"色调分离"对话框，如图 8.4.5 所示。

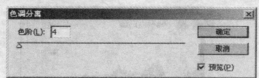

图 8.4.5　"色调分离"对话框

在 色阶(L): 文本框中输入数值可设置图像的色调变化，其值越小，色调变化越明显。

设置好参数后，单击 确定 按钮，效果如图 8.4.6 所示。

图 8.4.6　应用色调分离命令前后效果对比

8.4.5　色调均化

利用色调均化命令可以重新分布图像中像素的亮度值，使其更均匀地表现所有范围的亮度级别，即在整个灰度范围内均匀分布中间像素值。色调均化的操作步骤如下：

（1）打开一幅需要处理的图像，可以是整个图像，也可以是图像的某一部分。

（2）选择菜单栏中的 图像(I) → 调整(A) → 色调均化(Q) 命令，即可对整体图像进行色调均化处理。

（3）若要对图像的某一部分进行调整，可先创建某区域的选区，然后选择菜单栏中的 图像(I) → 调整(A) → 色调均化(Q)... 命令，弹出 色调均化 对话框，如图 8.4.7 所示。

图 8.4.7 "色调均化"对话框

1）选中 仅色调均化所选区域(S) 单选按钮，对图像进行处理时，仅对选区内的图像起作用。

2）选中 基于所选区域色调均化整个图像(E) 单选按钮，将以选区内图像的最亮和最暗像素为基准使整幅图像色调平均化。

（4）单击 确定 按钮，即可对选区中的图像进行色调均化处理。

如图 8.4.8 所示为应用色调均化命令前后效果对比。

图 8.4.8 应用色调均化命令前后效果对比

8.4.6 渐变映射

利用渐变映射命令可将图像颜色调整为选定的渐变颜色。选择菜单栏中的 图像(I) → 调整(A) → 渐变映射(G)... 命令，弹出"渐变映射"对话框，如图 8.4.9 所示。

在 灰度映射所用的渐变 下拉列表中提供了多种预设的渐变样式。单击右侧的下拉按钮 ，可弹出渐变色预设面板，如图 8.4.10 所示，从中可以选择预设的渐变颜色；如果单击 渐变颜色条，可弹出"渐变编辑器"对话框，可以对渐变色进行编辑。

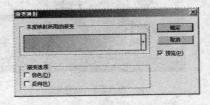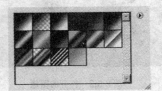

图 8.4.9 "渐变映射"对话框　　图 8.4.10 渐变色预设面板

在 渐变选项 选项区中选中 ☑ 仿色(D) 复选框，可为渐变后的图像增加仿色；选中 ☑ 反向(R) 复选框，可将渐变后的图像颜色反转。

设置好参数后，单击 确定 按钮，图像效果如图 8.4.11 所示。

图 8.4.11　应用渐变映射命令前后效果对比

8.5　典型实例——制作快照效果

本节综合运用前面所学的知识制作快照效果，最终效果如图 8.5.1 所示。

图 8.5.1　最终效果

操作步骤

（1）按"Ctrl+O"键，打开一幅图像文件，如图 8.5.2 所示。

（2）单击工具箱中的"矩形选框工具"按钮 ，在图像中拖曳鼠标创建一个矩形选区，效果如图 8.5.3 所示。

图 8.5.2　打开的图像　　　　　　　　　　图 8.5.3　创建选区

（3）选择 选择(S) → 变换选区 (T) 命令，可为选区添加变换框，拖动变换框旋转选区，按回车键确认变换操作，如图 8.5.4 所示。

（4）选择 图像(I) → 调整(A) → 色阶(L)... 命令，弹出"色阶"对话框，设置其对话框参数如图 8.5.5 所示。

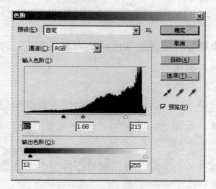

图 8.5.4　变换选区　　　　　　　　图 8.5.5　"色阶"对话框

（5）设置好参数后，单击 确定 按钮，图像效果如图 8.5.6 所示。

图 8.5.6　调整图像颜色后的效果

（6）按"Ctrl+T"键为选区添加变形框，然后按住"Shift+Alt"键的同时拖动变形框，缩小选区内图像至适当位置，按回车键确认变形操作。

（7）按"Ctrl+D"键取消选区，最终效果如图 8.5.1 所示。

本 章 小 结

本章主要介绍了校正图像颜色的方法与技巧，包括图像色调调整命令、图像色彩平衡调整命令、普通色彩和色调调整命令以及特殊色彩调整命令等。通过本章的学习，读者应熟练应用图像色彩和色调调整命令对图像进行特殊效果的处理。

过 关 练 习

一、填空题

1. ＿＿＿＿＿＿命令允许用户通过修改图像的暗调、中间调和高光的亮度水平来调整图像的色调范围和颜色平衡。

2. 使用_____工具不仅能从打开的图像中取样颜色，也可以指定新的前景色或背景色。

3. 利用_____工具可以给图像或选区填充颜色或图案。

4. _____命令通过显示替代物的缩览图来综合调整图像的色彩平衡、对比度和饱和度。

二、选择题

1. 如果要将图像的颜色转换为其互补色，可以使用（　　）命令。

（A）羽化   （B）色阶

（C）曲线   （D）反相

2. 利用（　　）命令可将彩色图像或灰度图像转换为只有黑白两种色调的高对比度图像。

（A）反相   （B）阈值

（C）去色   （D）变化

3. 利用（　　）命令可以调整图像中单个颜色成分的色相、饱和度和亮度。

（A）色阶   （B）渐变映射

（C）色相/饱和度   （D）色调分离

4. 利用（　　）命令可以去掉彩色图像中的所有颜色值，将其转换为相同色彩模式的灰度图像。

（A）去色   （B）可选颜色

（C）反相   （D）曝光度

5. 利用（　　）命令适用于校正由强逆光而形成剪影的照片，或者校正由于太接近相机闪光灯而有些发白的焦点。

（A）色相/饱和度   （B）阴影/高光

（C）亮度/对比度   （D）色调分离

三、简答题

1. 在 Photoshop CS4 中，调整图像色调的命令主要有哪些？调整图像色彩平衡的命令又主要包括哪些？

2. 在处理照片时，如果照片明显偏暗或偏亮，可使用哪些命令对其进行快速调整？

四、上机操作题

打开一幅图像文件，练习使用本章所学的校正图像颜色命令，分别调整图像的颜色，比较各命令之间的功能及作用。

第 *9* 章 | 创建与编辑文本

章前导航

文字是艺术作品中常用的元素之一，它不仅可以帮助大家快速了解作品所呈现的主题，还可以在整个作品中充当重要的修饰元素，增加作品的主题内容，烘托作品的气氛。本章主要介绍文本的创建与编辑技巧。

本章要点

- ➡ 创建点文字与段落文字
- ➡ 变换与变形文字
- ➡ 编辑点文字
- ➡ 编辑段落文字
- ➡ 创建路径文字
- ➡ 转换文字

9.1 创建点文字与段落文字

使用工具箱中的横排文字工具、直排文字工具、横排文字蒙版工具与直排文字蒙版工具可输入文字，其输入文字的方式有两种，即点文字与段落文字。当输入文字时，在图层面板中会自动生成一个新的文字图层。

9.1.1 点文字

点文字的输入方式是在图像中输入单独的文本，即一个字或一行字符。无须自动换行，可通过回车键使之换到下一行，然后再继续输入点文字。

用鼠标右键单击工具箱中的"横排文字工具"按钮 **T**，可弹出隐藏的文字工具组，如图 9.1.1 所示。

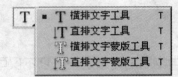

图 9.1.1　文字工具组

从中选择相应的文字工具，可在图像中输入文字。例如单击"直排文字蒙版工具"按钮，在图像中可输入文字的选区，如图 9.1.2 所示。

图 9.1.2　使用直排文字蒙版工具输入文字选区

　　　提示：使用横排文字蒙版工具或直排文字蒙版工具在图像中单击时，不会自动创建文字图层，可为图像创建一层蒙版。在这种状态下输入文字后，再使用工具箱中的任何工具或单击属性栏中的"提交所有当前编辑"按钮，此时输入的文字将自动转换为选区，就可以将转换后的选区像普通选区一样进行填充、移动、描边、添加阴影等操作。

单击工具箱中的"横排文字工具"按钮 **T**，其属性栏如图 9.1.3 所示。

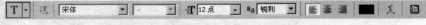

图 9.1.3　"横排文字工具"属性栏

在 宋体 下拉列表中可以选择文字的字体，在 12点 下拉列表中可选择文字的字号或直接输入数值来设置文字的字号，在 锐利 下拉列表中可选择消除锯齿的选项。

在属性栏中设置好所输文字的字体、字号以及颜色后，将光标移至图像中单击，以定位光标输入位置，此时图像中显示一个闪烁光标，即可输入文字内容，如图 9.1.4 所示。

文字内容输入完成后，在属性栏中单击"提交所有当前编辑"按钮，即可完成输入；如果单击属性栏中的"取消所有当前编辑"按钮，即可取消输入操作。此时，在图层面板中会自动生成一个新的文字图层，如图 9.1.5 所示。

图 9.1.4　输入横排文字效果

图 9.1.5　图层面板中的文字图层

9.1.2　段落文字

段落文字最大的特点就是在段落文本框中创建，根据外框的尺寸在段落中自动换行，常用于输入画册、杂志和报纸等排版使用的文字。具体操作方法如下：

（1）单击工具箱中的"横排文字工具"按钮 T 或"直排文字工具"按钮 T，在其属性栏中设置相关的参数。

（2）设置完成后，在图像窗口中按下鼠标左键并拖曳出一个段落文本框，当出现闪烁的光标时输入文字，则可得到段落文字，效果如图 9.1.6 所示。

图 9.1.6　段落文字效果

与点文字相比，段落文字可设置更多的对齐方式，还可以通过调整文本框使段落文本倾斜排列或使文本框大小发生变化。将鼠标指针放在段落文本框的控制点上，当指针变成 形状时，可以很方便地调整段落文本框的大小，效果如图 9.1.7 所示。当指针变成 形状时，可以对段落文本进行旋转，如图 9.1.8 所示。

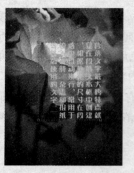

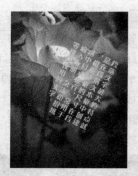

图 9.1.7　调整文本框的大小

图 9.1.8　旋转文本框

9.2　变换与变形文字

在 Photoshop CS4 中还有一种非常方便的功能，即变换与变形文字功能。使用此功能可以使所创建的点文字与段落文字产生各种各样的变形效果，也可对输入的文字进行弯曲变形。

9.2.1　变换文字

如果需要对创建的文字进行各种变换操作，可选择菜单栏中的编辑(E)→变换(A)命令，弹出其子菜单，如图 9.2.1 所示。从中选择相应的命令可对文字进行各种变换操作。

再次(A)　Shift+Ctrl+T
缩放(S)
旋转(R)
斜切(K)
扭曲(D)
透视(P)
变形(W)
旋转 180 度(1)
旋转 90 度(顺时针)(9)
旋转 90 度(逆时针)(0)
水平翻转(H)
垂直翻转(V)

图 9.2.1　“变换”子菜单

在图像中输入文字后，在此菜单中选择斜切(K)命令，即可为文字添加变换框，拖动变换框将文字进行变换，其效果如图 9.2.2 所示，按回车键可确认此变换操作。

主人现在不在家
，有事请在此留言，
谢谢！
主人现在不在家
，有事请在此留言，
谢谢！

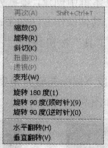

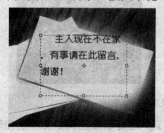

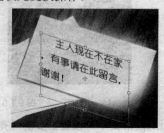

图 9.2.2　斜切文本前后效果对比

在为文字添加了变换框之后，此时相应的属性栏显示如图 9.2.3 所示。

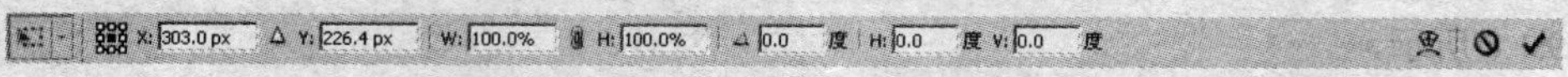

X: 303.0 px
Y: 226.4 px
W: 100.0%
H: 100.0%
0.0　度
H: 0.0　度
V: 0.0　度

图 9.2.3　“变换工具”属性栏

在 △ 0.0 度输入框中输入数值，可直接旋转文字到一定的角度。

在 H: 0.0 度输入框中输入数值，可设置文字的水平斜切角度。

在 V: 0.0 度输入框中输入数值，可设置文字的垂直斜切角度。

9.2.2 变形文字

如果需要对文字进行各种变形操作，可在文字工具属性栏中单击"创建变形文本"按钮 ，即可弹出"变形文字"对话框，如图 9.2.4 所示。

图 9.2.4 "变形文字"对话框

单击 样式(S): 下拉列表框 ，可从弹出的下拉列表中选择不同的文字变形样式。

选中 水平(H) 单选按钮，可对文字进行水平方向变形；选中 垂直(V) 单选按钮，可对文字进行垂直方向变形。

在 弯曲(B): 输入框中输入数值，可设置文字的水平与垂直弯曲程度。

在 水平扭曲(O): 与 垂直扭曲(E): 输入框中输入数值或拖动相应的滑块，可设置文字的水平与垂直扭曲程度。

打开一幅图像，在图像中输入文字，并自动生成文字图层，如图 9.2.5 所示。

图 9.2.5 输入的文字

在文字工具属性栏中单击 按钮，在弹出的"变形文字"对话框中设置参数，如图 9.2.6 所示。

图 9.2.6 设置变形文字参数

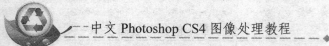

单击 确定 按钮，变形后的文字效果如图 9.2.7 所示。

 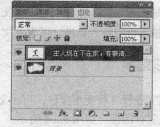

图 9.2.7　变形后的文字效果

　　提示：如果需要取消文字变形的效果，可选择应用变形的文字图层，在文字工具属性栏中单击"变形文本"按钮，在弹出的"变形文字"对话框中单击 样式(S): 下拉列表框 扇形，从弹出的下拉列表中选择 无 选项，即可取消文字的变形效果。

9.3　编辑点文字

　　在 Photoshop CS4 中进行文字处理时，不管是在输入文字前还是在输入文字后，都可以对文字格式进行精确的设置，如更改字体，设置字符的大小、字距、颜色、行距、两个字符之间的字距、所选字符的字距以及进行水平缩放等操作。

9.3.1　显示字符面板

　　在字符面板中可以设置文字的字体、字号、字符间距以及行间距等。选择 窗口(W) → 字符 命令，或单击"文字工具"属性栏中的"切换字符和段落面板"按钮，打开字符面板，如图 9.3.1 所示。

图 9.3.1　字符面板

9.3.2　字体与字号

设置字体的操作步骤如下：

　　（1）使用工具箱中的文字工具在图像中输入文字（点文字或段落文字），然后按住鼠标左键并拖动选择需要设置字体的文字，如图 9.3.2 所示。

　　（2）在字符面板左上角单击设置字体下拉列表框，可从弹出的下拉列表中选择需要的字体，所选择的文字字体将会随之改变，如图 9.3.3 所示。

设置字号的操作步骤如下：

图 9.3.2 选择需要设置字体的文字

图 9.3.3 改变字体

（1）选择需要设置字体大小的文字。

（2）在字符面板中的 T 36 点 下拉列表框中选择数值或直接输入数值，即可改变所选文字的大小，如图 9.3.4 所示。

图 9.3.4 改变字体大小前后效果对比

9.3.3 字符颜色

在 Photoshop CS4 中输入文字前或输入文字后，都可对文字的颜色进行设置。具体操作方法如下：

（1）选择想改变颜色的文字。

（2）在字符面板中单击 颜色: 右侧的颜色块，可弹出"选择文本颜色"对话框，从中选择所需的颜色后，单击 确定 按钮，即可将文字颜色更改为所选的颜色，如图 9.3.5 所示。

图 9.3.5 设置字符颜色效果

9.3.4 字符间距

调整字符间距的具体操作方法如下：

（1）在图像中输入文字后，选择要调整字符间距的文字，如图 9.3.6 所示。

（2）在字符面板中单击  下拉列表框，从弹出的下拉列表中选择字符间距的数值，也可直接输入所需的字符间距数值，即可改变所选字符间的距离，如图 9.3.7 所示。

图 9.3.6　选择要调整字符间距的文字　　　　　图 9.3.7　改变字符间距

9.3.5　字符行距

行距是两行文字之间的基线距离。Photoshop CS4 中的默认行距为自动，在字符面板中单击 下拉列表，从弹出的下拉列表中选择需要的行距数值，也可直接输入行距数值来改变所选文字行与行之间的距离，如图 9.3.8 所示。

图 9.3.8　改变行距前后效果对比

9.3.6　水平缩放与垂直缩放

水平缩放和垂直缩放文本的具体操作方法如下：

（1）输入文字后，选择需要调整字符水平或垂直比例的文字。

（2）在字符面板中的垂直缩放 IT 100% 与水平缩放 T 100% 输入框中输入数值，即可将所选的文字进行缩放，如图 9.3.9 所示。

选中文字　　　　　　　　　垂直缩放 150%　　　　　　　　水平缩放 150%

图 9.3.9　缩放文本效果

9.3.7　基线偏移

移动字符基线，可以使字符根据所设置的参数上下偏移基线。在字符面板中的 ![0点] 输入框中输入数值，可使所选文字向上或向下偏移，如图 9.3.10 所示。输入的数值为正数时，文字向上偏移；输入的数值为负数时，文字向下偏移。

选中文字　　　　　　　　　　基线偏移 30　　　　　　　　　　基线偏移－50

图 9.3.10　设置字符基线偏移效果

9.3.8　字符样式

字符样式是指输入字符的显示状态，单击不同的按钮会完成所选字符的样式效果，包括仿粗体、仿斜体、全部大写字母、小型大写字母、上标、下标、下画线和删除线。如图 9.3.11 所示为对字符添加仿斜体和上标样式后的效果。

原图　　　　　　　　　　　　仿斜体　　　　　　　　　　　　上标

图 9.3.11　应用字符样式效果

9.4　编辑段落文字

段落文字是在输入文字时，末尾带有回车符的任何范围的文字。对于点文字，一行就是一个单独的段落；而对于段落文字，一段中有多行。如果要设置段落文字的格式，可通过段落面板中的选项设置来应用于整个段落。

9.4.1　显示段落面板

在段落面板中可以设置图像中段落文本的对齐方式。可以选择 窗口(W) → 段落 命令，或单击"文

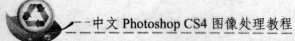

字工具"属性栏中的"切换字符和段落面板"按钮 ▣，打开段落面板，如图 9.4.1 所示。

图 9.4.1　段落面板

9.4.2　对齐和调整文字

可以将文字与段落一端对齐，也可以将文字与段落两端对齐，以达到整齐的视觉效果。

在段落面板或文字工具属性栏中，文字的对齐选项有：

（1）"左对齐文本"按钮 ▤：使点文字或段落文字左端对齐，右端参差不齐，如图 9.4.2 所示。

（2）"居中文本"按钮 ▤：使点文字或段落文字居中对齐，两端参差不齐，如图 9.4.3 所示。

图 9.4.2　左对齐文本　　　　　　　　　　图 9.4.3　居中对齐文本

（3）"右对齐文本"按钮 ▤：使点文字或段落文字右端对齐，左端参差不齐，如图 9.4.4 所示。

图 9.4.4　右对齐文本

在段落面板或文字工具属性栏中，文字的段落对齐选项有：

（1）"最后一行左边对齐"按钮 ▤：可将段落文字最后一行左对齐，如图 9.4.5 所示。

（2）"最后一行居中对齐"按钮 ▤：可将段落文字最后一行居中对齐，如图 9.4.6 所示。

（3）"最后一行右边对齐"按钮 ▤：可将段落文字最后一行右对齐，如图 9.4.7 所示。

图 9.4.5　左对齐段落文字　　　　　　　　图 9.4.6　居中对齐段落文字

（4）"全部对齐"按钮 ▉▉：可将段落文字最后一行强行全部对齐，如图 9.4.8 所示。

图 9.4.7　右对齐段落文字　　　　　　　　图 9.4.8　全部对齐段落文字

9.4.3　更改段落间距

在段落面板中的段前添加空格输入框 ▉0点▉ 中输入数值，可设置所选段落文字与前一段文字之间的距离；在段后添加空格输入框 ▉0点▉ 中输入数值，可设置所选段落文字与后一段文字之间的距离。

9.4.4　段落缩进

段落缩进是指段落文字与文字定界框之间的距离。缩进只影响所选段落，因此可以很容易地为多个段落设置不同的缩进。

在段落面板中的左缩进输入框 ▉0点▉ 中输入数值，可设置段落文字在定界框中左边的缩进量，如图 9.4.9 所示。

图 9.4.9　设置段落文字的左缩进 30

在右缩进输入框 ▉0点▉ 中输入数值，可设置段落文字在定界框中右边的缩进量，如图 9.4.10 所示。

图 9.4.10　设置段落文字的右缩进 30

在首行缩进输入框  中输入数值，可设置段落文字在定界框中的首行缩进量，如图 9.4.11 所示。

图 9.4.11　设置段落文字的首行缩进 30

9.5　创建路径文字

在 Photoshop CS4 中不仅可以输入点文字和段落文字，还可以沿着用钢笔或形状工具创建的工作路径的边缘排列所输入的文字。

9.5.1　在路径上添加文字

在路径上输入文字是指在创建路径的外侧输入文字，可以利用钢笔工具或形状工具在图像中创建工作路径，然后再输入文字，使创建的文字沿路径排列。具体操作步骤如下：

（1）单击工具箱中的"钢笔工具"按钮 ◊，在图像中创建需要的路径，如图 9.5.1 所示。

（2）单击工具箱中的"文字工具"按钮 T，将鼠标指针移动到路径的起始锚点处，单击插入光标，然后输入需要的文字，效果如图 9.5.2 所示。

图 9.5.1　创建的路径　　　　　　　图 9.5.2　输入路径文字

（3）若要调整文字在路径上的位置，可单击工具箱中的"路径选择工具"按钮 ，将鼠标指针指向文字，当指针变为 或 形状时拖曳鼠标，即可改变文字在路径上的位置，如图 9.5.3 所示。

（4）若要对创建好的路径形状进行修改，路径上的文字将会一起被修改，如图 9.5.4 所示。

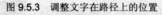

图 9.5.3 调整文字在路径上的位置　　　　　　图 9.5.4 修改路径形状效果

（5）在路径面板空白处单击鼠标可以将路径隐藏。

9.5.2 在路径内添加文字

在路径内输入文字是指在创建的封闭路径内添加文字，具体方法如下：

（1）单击工具箱中的"钢笔工具"按钮 ，在页面中创建如图 9.5.5 所示的封闭路径。

（2）单击工具箱中的"横排文字工具"按钮 T，将鼠标指针移动到椭圆路径内部，单击鼠标在如图 9.5.6 所示的状态下输入需要的文字，输入文字后的效果如图 9.5.7 所示。

图 9.5.5 创建的路径　　　　　　　　图 9.5.6 设置起点

（3）从输入的文字大家会看到文字按照路径形状自行更改位置，将路径隐藏即可完成输入，效果如图 9.5.8 所示。

图 9.5.7 输入文字　　　　　　　　图 9.5.8 隐藏路径

9.6 转 换 文 字

在 Photoshop CS4 中可以对文字进行各种转换操作，如栅格化文字、点文字与段落文字的转换、将文字转换为路径以及将文字转换为形状等。

9.6.1 栅格化文字

在 Photoshop 中有些命令和工具（如滤镜效果和绘图工具）不能在文字图层中使用，所以需要在应用命令或使用工具前将文字图层栅格化，即将文字图层转换为普通图层，然后再对其进行编辑。

栅格化文字的常用方法有以下两种：

（1）在需要栅格化的文字图层上单击鼠标右键，可在弹出的快捷菜单中选择 栅格化文字 命令来栅格化文字图层。如图 9.6.1 所示就是将文字图层转换为普通图层后的效果。

图 9.6.1 将文字图层转换为普通图层

（2）选择需要栅格化的文字图层，选择 图层(L) → 栅格化(Z) → 文字(T) 命令即可。

9.6.2 点文字与段落文字之间的转换

在图像中创建文字图层后，用户可以根据需要将其在段落文字与点文字之间进行相互转换。

1. 将点文字转换为段落文字

在图层面板中选择需要转换的点文字图层，然后选择 图层(L) → 文字 → 转换为段落文本(P) 命令，即可将点文字图层转换为段落文字图层。在将点文字转换为段落文字的过程中，输入的每一行文字将会成为一个段落，如图 9.6.2 所示。

图 9.6.2 将点文字转换为段落文字效果

2．将段落文字转换为点文字

在图层面板中选择用来转换的段落文字图层，然后选择 图层(L) → 文字 → 转换为点文本(P) 命令，即可将段落文字图层转换为点文字图层。在将段落文字转换为点文字的过程中，系统将在每行文字的末尾添加一个换行符，使其成为独立的文本行。另外，在转换之前，如果段落文字图层中的某些文字超出文本框范围，没有被显示出来，则表示这部分文字在转换过程中已被删除。

9.6.3 将文字转换为路径

在 Photoshop CS4 中将文字转换为路径，可得到文字形状的路径，此时可以利用路径工具对其进行修改。将文字转换为路径的具体操作如下：

（1）利用文字工具在图像中输入文字，如图 9.6.3 所示。

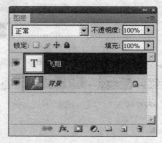

图 9.6.3 输入文字及其图层面板

（2）选择 图层(L) → 文字 → 创建工作路径(C) 命令，即可将文字转换为工作路径，此时在路径面板中新增加了一个工作路径，如图 9.6.4 所示。

图 9.6.4 文字转换为路径

（3）利用各种路径工具对转换后的文字路径进行调整，效果如图 9.6.5 所示。

图 9.6.5 调整后的效果

9.6.4 将文字转换为形状

Photoshop CS4 提供了将文字转换为形状的功能，利用该功能，用户可以制作一些特殊的文字效果。将文字转换为形状的具体操作如下：

（1）利用文字工具在图像中输入文字，如图 9.6.6 所示。

图 9.6.6 输入文字及其图层面板

（2）选择 图层(L) → 文字 → 转换为形状(A) 命令，即可将文字图层转换为形状图层，效果及其"图层"面板如图 9.6.7 所示。

图 9.6.7 文字转换为形状及其图层面板

（3）对形状图层进行编辑，并为其添加图层样式，效果如图 9.6.8 所示。

图 9.6.8 添加图层样式后的效果

9.7 典型实例——制作雕刻字

本节综合运用前面所学的知识制作雕刻字，最终效果如图 9.7.1 所示。

图 9.7.1　最终效果图

操作步骤

（1）打开一幅背景图像文件，单击工具箱中的"直排文字工具"按钮，设置其属性栏参数如
图 9.7.2 所示。

图 9.7.2　"直排文字工具"属性栏

（2）设置好参数后，在图像中输入文本，效果如图 9.7.3 所示。

（3）按"F7"键打开图层面板，设置其面板参数如图 9.7.4 所示。

图 9.7.3　输入文字

图 9.7.4　图层面板

（4）单击图层面板底部的"添加图层样式"按钮，从弹出的下拉列表中选择 斜面和浮雕 选
项，弹出"图层样式"对话框，设置其对话框参数如图 9.7.5 所示。

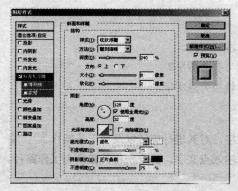

图 9.7.5　"图层样式"对话框

（5）设置好参数后，单击 确定 按钮，最终效果如图 9.7.1 所示。

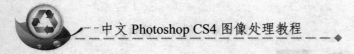

本 章 小 结

本章主要介绍了文本的创建与编辑技巧，包括创建点文字与段落文字、变换与变形文字、编辑点文字、编辑段落文字、创建路径文字以及转换文字等。通过本章的学习，读者应熟练掌握文字的各种创建与编辑方法，并能灵活运用文字工具创建出特殊的文字效果。

过 关 练 习

一、填空题

1. 文本工具包括_____、_____、_____和_____4 种。

2. 在 Photoshop CS4 中，用户可以通过_____和_____来精确地控制文字的属性。

3. 当输入_____时，每行文字都是独立的，行的长度随着编辑增加或缩短，但不换行；输入_____时，文字基于定界框的尺寸换行。

4. 栅格化文字图层，就是将文字图层转换为_____。

5. 将段落文字转换为文字时，所有溢出定界框的字符_____，且每个文字行的末尾都会_____。

二、选择题

1. 利用（　）工具可以在图像中直接创建选区文字。

    （A）横排文字　　　　　　　　　　　　（B）横排文字蒙版

    （C）直排文字　　　　　　　　　　　　（D）直排文字蒙版

2. 在段落面板中将整个段落文字左对齐，可以使用（　）按钮。

    （A）　　　　　　　　　　　　　　　　（B）

    （C）　　　　　　　　　　　　　　　　（D）

3. 使用字符控制面板可设置文字的（　）属性。

    （A）文字大小　　　　　　　　　　　　（B）水平和垂直缩放

    （C）字间距　　　　　　　　　　　　　（D）全选

三、简答题

1. 简述如何调整段落文本的间距。

2. 如何将文字图层转换为普通图层？

3. 简述如何将段落文字转换为点文字。

四、上机操作题

1. 在图像中输入段落文字，对其进行旋转以及变形等操作。

2. 用文字工具在图像中输入点文字，再分别将其转换为工作路径、选区与段落文字。

第10章 | 滤镜的使用

>>>

章前导航

滤镜是 Photoshop CS4 中的特色工具之一，充分而适度地利用好滤镜，不仅可以改善图像效果、掩盖缺陷，还可以在原有图像的基础上产生许多特殊炫目的效果。本章主要介绍插件滤镜与基本滤镜的功能及使用方法。

本章要点

➡ 滤镜简介

➡ 插件滤镜

➡ 基本滤镜

10.1　滤　镜　简　介

滤镜来源于摄影中的滤光镜，利用滤光镜的功能可以改进图像并能产生特殊效果。在 Photoshop 中，通过滤镜的功能，可以为图像添加各种各样的特殊效果。

10.1.1　滤镜的概念

滤镜是在摄影过程中的一种光学处理镜头，为了使图像产生特殊的效果，使用这种光学镜头过滤掉部分光线中的元素，从而改进图像的显示效果。在 Photoshop CS4 中提供了近百种滤镜，这些滤镜按照不同的处理效果可分为 13 类，同时，还包括了一些特殊的处理效果，如滤镜库、消失点以及液化滤镜，如图 10.1.1 所示。

图 10.1.1　滤镜菜单

滤镜可以应用于图像的选择区域，也可以应用于整个图层。Photoshop 中的滤镜从功能上分为两种，矫正性滤镜和破坏性滤镜。矫正性滤镜包括模糊、锐化、视频、杂色以及其他滤镜，它们对图像处理的效果很微妙，可调整对比度、色彩等宏观效果；其他滤镜都属于破坏性滤镜，破坏性滤镜对图像的改变比较明显，主要用于构造特殊的艺术图像效果。

滤镜菜单中的第一组是最近一次使用的滤镜命令，用户可以选择该项或按"Ctrl+F"键重复使用该滤镜效果。

10.1.2　使用滤镜的过程

在 Photoshop CS4 中提供了近百种滤镜，这些滤镜各有其特点，但使用过程基本相似。在使用滤镜时，一般可以按照以下步骤进行：

（1）选择需要使用滤镜处理的某个图层、某区域或某个通道。

（2）在 滤镜(T) 菜单中（见图 10.1.1），选择需要使用的滤镜命令，弹出相应的设置对话框。

（3）在弹出的对话框中设置相关的参数，一般有两种方法：一种是使用滑块，此方法很方便，也更容易随时预览效果；另一种是直接输入数值，这样可以得到较精确的设置。

（4）预览图像效果。大多数滤镜对话框中都设置了预览图像效果的功能。

（5）当调整好各个参数后，单击 确定 按钮就可以执行此滤镜命令。如果对调整的效果不满意，可单击 取消 按钮取消设置操作。

10.1.3　使用滤镜的技巧

滤镜的种类很多，产生的效果也不一样，但是在使用上都有共同的基本方法和技巧，掌握该技巧将在滤镜的使用中获得事半功倍的效果。

（1）滤镜的效果只对单一的图层起作用，对蒙版、Alpha 通道也可制作滤镜效果。

（2）运用滤镜后，要通过"Ctrl+Z"键切换，以观察使用滤镜前后的图像效果对比，能更清楚地观察滤镜的作用。

（3）在对某一选择区域使用滤镜时，可对该部分图像创建选区，一般应先对选择区域执行羽化命令，然后再执行滤镜命令，这样可以使通过滤镜处理后选区内的图像很好地融合到图像中。

（4）按"Ctrl+F"键可重复执行上次使用的滤镜，但此时不会弹出滤镜对话框，即不能调整滤镜参数；如果按"Ctrl+Alt+F"键，则会重新弹出上一次执行的滤镜对话框，此时即可调整滤镜的参数设置；按"Esc"键，可以放弃当前正在应用的滤镜。

（5）可以将多个滤镜命令组合使用，从而制作出漂亮的文字、纹理或图像效果。

（6）滤镜在不同色彩模式中的使用范围不同，在位图、索引颜色和 16 位的色彩模式下不能使用滤镜，在 RGB 模式下可以使用全部的滤镜。

（7）当执行完一个滤镜命令后，若觉得对滤镜效果不满意，还要进行一些简单的调整，可以选择 编辑(E) → 渐隐 命令，在弹出的"渐隐"对话框中进行适当的调整。还可以按"Ctrl+Z"键撤销上一步滤镜的操作，然后再执行该命令重新设置。

10.2　插　件　滤　镜

在 Photoshop CS4 中常用的插件滤镜包括滤镜库、液化以及消失点 3 种滤镜，下面分别进行介绍。

10.2.1　滤镜库

从 Photoshop CS 版本开始，为了方便用户使用滤镜，系统就新增了一个"滤镜库"命令，它可将常用的滤镜组拼嵌到一个面板中，以折叠菜单的方式显示出来，用以直接预览其效果。选择菜单栏中的 滤镜(T) → 滤镜库(G)... 命令，弹出"滤镜库"对话框，如图 10.2.1 所示。

图 10.2.1　"滤镜库"对话框

在"滤镜库"对话框中，系统集中放置了一些比较常用的滤镜，并将它们分别放置在不同的滤镜组中。例如，要使用"便条纸"滤镜，可首先单击"素描"滤镜组名，展开滤镜文件夹，然后单击"便条纸"滤镜。同时，选中某个滤镜后，系统会自动在右侧设置区显示该滤镜的相关参数，用户可根据需要进行调整。

此外，在对话框右下角的设置区中，用户还可通过单击"新增效果图层"按钮 添加滤镜层，从而可对一幅图像一次应用多个滤镜效果。要删除某个滤镜，可在选中要删除的滤镜后单击"删除效果图层"按钮 即可。

10.2.2　液化

液化滤镜可用于推、拉、旋转、反射、折叠和膨胀图像的任意区域，是修饰图像和创建艺术效果的强大工具。选择菜单栏中的 滤镜(I) → 液化(L)... 命令，弹出"液化"对话框，如图 10.2.2 所示。

图 10.2.2　"液化"对话框

其对话框中的各选项含义介绍如下：

单击"向前变形"按钮 ，在图像上拖动，会使图像向拖动方向产生弯曲变形效果。

单击"重建工具"按钮 ，在已发生变形的区域单击或拖动，可以使已变形图像恢复为原始状态。

单击"顺时针旋转扭曲工具"按钮 ，在图像上按住鼠标时，可以使图像中的像素顺时针旋转。按住"Alt"键，在图像上按住鼠标时，可以使图像中的像素逆时针旋转。

单击"褶皱工具"按钮 ，在图像上单击或拖动时，会使图像中的像素向画笔区域的中心移动，使图像产生收缩效果。

单击"膨胀工具"按钮 ，在图像上单击或拖动时，会使图像中的像素从画笔区域的中心向画笔边缘移动，使图像产生膨胀效果，该工具产生的效果正好与"褶皱工具"产生的效果相反。

单击"左推工具"按钮 ，在图像上拖动鼠标时，图像中的像素会以相对于拖动方向左垂直的方向在画笔区域内移动，使其产生挤压效果；按住"Alt"键拖动鼠标时，图像中的像素会以相对于拖动方向右垂直的方向在画笔区域内移动，使其产生挤压效果。

单击"镜像工具"按钮 ，在图像上拖动时，图像中的像素会以相对于拖动方向右垂直的方向上产生镜像效果；按住"Alt"键拖动鼠标时，图像中的像素会以相对于拖动方向左垂直的方向上产生镜像效果。

单击"湍流工具"按钮 ，在图像上拖动时，图像中的像素会平滑地混和在一起，可以十分轻松地在图像上产生与火焰、波浪或烟雾相似的效果。

单击"冻结蒙版工具"按钮，将图像中不需要变形的区域涂抹进行冻结，使涂抹的区域不受其他区域变形的影响；使用"向前变形"在图像上拖动经过冻结的区域图像不会被变形。

单击"解冻蒙版工具"按钮，在图像中冻结的区域涂抹，可解除图像中的冻结区域。

单击"抓手工具"按钮，当图像放大到超出预览框时，使用抓手工具可以移动图像查看。

单击"缩放工具"按钮，可以将预览区的图像放大，按住"Alt"键单击鼠标会将图像按比例缩小。

液化命令的工作原理很简单，编辑前必须对画笔大小及压力值进行编辑，然后区分图像的处理区域，该动作在这里被称为"冻结"。液化命令对冻结区域的图像不产生效果，保持原来的样子，而经过"解冻"处理的区域会受到液化命令的变形处理，产生不同的变化效果，如图 10.2.3 所示。

图 10.2.3　使用液化滤镜效果

10.2.3　消失点

使用消失点功能可以在图像中指定平面进行绘画、仿制、拷贝、粘贴、变换等编辑操作。所有编辑操作都将采用所处理平面的透视，因此，使用消失点来修饰、添加或移去图像中的内容，效果将更加逼真。

选择菜单栏中的 滤镜(T) → 消失点(V)... 命令，弹出"消失点"对话框，如图 10.2.4 所示。

图 10.2.4　"消失点"对话框

对话框中各选项的含义如下：

（1）"创建平面工具"按钮：可以在预览编辑区的图像中单击并创建平面的 4 个点，节点之间会自动连接成透视平面，在透视平面边缘上按住"Ctrl"键拖动时，就会产生另一个与之配套的透视平面。

（2）"编辑平面工具"按钮：可以对创建的透视平面进行选择、编辑、移动和调整大小，存在两个平面时，按住"Alt"键拖动控制点可以改变两个平面的角度。

（3）"选框工具"按钮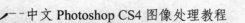：在平面内拖动即可在平面内创建选区；按住"Alt"键拖动选区可以将选区内的图像复制到其他位置，复制的图像会自动生成透视效果；按住"Ctrl"键拖动选区可以将选区停留的图像复制到创建的选区内。

（4）"图章工具"按钮：与软件工具箱中的"仿制图章工具"用法相同，只是多出了修复透视区域效果，按住"Alt"键在平面内取样，松开键盘，移动鼠标到需要仿制的地方按下鼠标拖动即可复制，复制的图像会自动调整所在位置的透视效果。

（5）"画笔工具"按钮：使用画笔工具可以在图像内绘制选定颜色的画笔，在创建的平面内绘制的画笔会自动调整透视效果。

（6）"变换工具"按钮：使用变换工具可以对选区复制的图像进行调整变换，还可以将复制"消失点"对话框中的其他图像拖动到多维平面内，并可以对其进行移动和变换。

（7）"吸管工具"按钮：在图像中采集颜色，选取的颜色可作为画笔的颜色。

（8）"缩放工具"按钮：用来缩放预览区的视图，在预览区内单击会将图像放大，按住"Alt"键单击鼠标会将图像按比例缩小。

（9）"抓手工具"按钮：单击并拖动可在预览窗口中查看局部图像。

设置好参数后，单击　确定　按钮，使用消失点滤镜的效果如图 10.2.5 所示。

图 10.2.5　使用消失点滤镜前后的效果对比

10.3　模糊滤镜组

模糊滤镜组可以不同程度地降低图像的对比度来柔化图像。一般用于强调图像中的主题或图像的边缘过渡太突然时，需要对图像进行一定的处理，使次要的部分变得模糊，或者使边缘的过渡变得柔和。此滤镜组包括表面模糊、动感模糊、方框模糊、高斯模糊、径向模糊、镜头模糊等 11 种。

10.3.1　动感模糊

该滤镜可在指定的方向上对像素进行线性的移动，使其产生一种运动模糊的效果。打开一幅图像，选择菜单栏中的 滤镜(T) → 模糊 → 动感模糊… 命令，弹出 动感模糊 对话框。

在 角度(A)：文本框中输入数值，设置动感模糊的方向。

在 距离(D)：文本框中输入数值，设置处理图像的模糊强度，输入数值范围为 1～999。

设置完参数后，单击　确定　按钮，效果如图 10.3.1 所示。

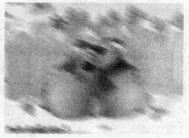

图 10.3.1　应用动感模糊滤镜前后的效果对比

10.3.2　高斯模糊

高斯模糊滤镜是一种常用的滤镜，是通过调整模糊半径的参数使图像快速模糊，从而产生一种朦胧效果。打开一幅图像，选择 滤镜(T) → 模糊 → 高斯模糊... 命令，弹出"高斯模糊"对话框。

在 半径(R): 文本框中输入数值，设置图像的模糊程度，输入的数值越大，图像模糊的效果越明显。设置相关的参数后，单击 确定 按钮，效果如图 10.3.2 所示。

图 10.3.2　应用高斯模糊滤镜前后的效果对比

10.3.3　径向模糊

径向模糊滤镜可对图像进行旋转模糊，也可将图像从中心向外缩放模糊。打开一幅图像，选择菜单栏中的 滤镜(T) → 模糊 → 径向模糊... 命令，弹出"径向模糊"对话框。

在 数量(A) 文本框中输入数值，设置图像产生模糊效果的强度，输入数值范围为 1～100。

在 模糊方法: 选项区中选择模糊的方法。

在 品质: 选项区中选择生成模糊效果的质量。

设置相关的参数后，单击 确定 按钮，效果如图 10.3.3 所示。

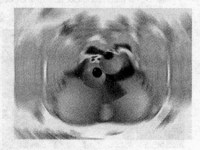

图 10.3.3　应用径向模糊滤镜前后的效果对比

10.3.4　特殊模糊

利用特殊模糊滤镜可以使图像产生一种清晰边界的模糊效果，该滤镜能够找出图像边缘，并只模糊图像边界线以内的区域，设置的参数将决定 Photoshop 所找到的边缘位置。打开一幅图像，选择菜单栏中的 滤镜(T) → 模糊 → 特殊模糊... 命令，弹出"特殊模糊"对话框。

在 半径 文本框中输入数值，设置辐射的范围大小。

在 阈值 文本框中输入数值，设置模糊的阈值，输入数值范围为 0.1～100。

在 品质: 下拉列表中选择模糊效果的质量。

在 模式: 下拉列表中选择产生图像效果的模式。

设置相关的参数后，单击 确定 按钮，效果如图 10.3.4 所示。

图 10.3.4　应用特殊模糊滤镜前后效果对比

10.4　艺术效果滤镜组

艺术效果滤镜用于为美术或商业项目制作绘画效果或艺术效果。艺术效果滤镜组中共包含 15 种不同的滤镜，使用这些滤镜，可模仿不同风格的艺术绘画效果。

10.4.1　木刻

木刻滤镜可以将图像描绘成好像是由粗糙剪下的彩色纸片组成的效果。打开一幅图像，选择菜单栏中的 滤镜(T) → 艺术效果 → 木刻... 命令，弹出"木刻"对话框。

在 色阶数(L) 文本框中输入数值，可以设置图像上的色阶分布层次，其取值范围为 2～8。

在 边缘简化度(S) 文本框中输入数值，可以设置边缘简化量，其取值范围为 0～10。

在 边缘逼真度(F) 文本框中输入数值，可以设置产生痕迹的精确程度，其取值范围为 1～3。

设置好参数后，单击 确定 按钮，效果如图 10.4.1 所示。

图 10.4.1　应用木刻滤镜前后效果对比

10.4.2　壁画

　　壁画滤镜可使图像产生一种古壁画的斑点效果，它与干画笔滤镜产生的效果非常相似，不同的是壁画滤镜能够改变图像的对比度，使暗调区域的图像轮廓清晰。选择菜单栏中的 滤镜(T) → 艺术效果 → 壁画... 命令，弹出"壁画"对话框。

　　在 画笔大小(B) 文本框中输入数值，可以设置模拟笔刷的大小，其取值范围为 0～10。

　　在 画笔细节(D) 文本框中输入数值，可以设置笔触的细腻程度，其取值范围为 0～10。

　　在 纹理(T) 文本框中输入数值，可以设置壁画效果的颜色过渡变形值，其取值范围为 1～3。

　　设置好参数后，单击 确定 按钮，效果如图 10.4.2 所示。

图 10.4.2　应用壁画滤镜前后效果对比

10.4.3　彩色铅笔

　　彩色铅笔滤镜可以使图像产生类似用彩色铅笔在黑色、灰色、白色纸上作画的效果。该滤镜使用图像中的主要颜色，并把那些次要的颜色变为纸色（这取决于参数的设置）。打开一幅图像，选择菜单栏中的 滤镜(T) → 艺术效果 → 彩色铅笔... 命令，弹出"彩色铅笔"对话框。

　　在 铅笔宽度(P) 文本框中输入数值，可以设置笔画的宽度和密度，其取值范围为 1～24。该参数设置为 1 时，图像几乎全是彩色区，只显示出少量的背景色；该参数设置为 24 时，图像被打碎成以粗糙的背景色为主的画面，大小与原图像相等。

　　在 描边压力(S) 文本框中输入数值，可以设置图像中颜色的明暗度，其取值范围为 0～15。该参数设置为 0 时，无论其他参数如何调整，图像都不发生变化；设置为 15 时，则图像保持原有的亮度。

　　在 纸张亮度(B) 文本框中输入数值，可以设置图纸的亮度，其取值范围为 0～50。

　　设置好参数后，单击 确定 按钮，效果如图 10.4.3 所示。

图 10.4.3　应用彩色铅笔滤镜前后效果对比

10.4.4　海报边缘

　　使用海报边缘滤镜可以减少图像中的颜色数量，并用黑色勾画轮廓，使图像产生海报画的效果。

打开一幅图像，选择菜单栏中的 滤镜(T) → 艺术效果 → 海报边缘 命令，弹出"海报边缘"对话框。

在 边缘厚度(E) 文本框中输入数值设置边缘的宽度。

在 边缘强度(I) 文本框中输入数值设置边缘的可见程度。

在 海报化(P) 文本框中输入数值设置颜色在图像上的渲染效果。

设置相关的参数后，单击 确定 按钮，效果如图 10.4.4 所示。

图 10.4.4 应用海报边缘滤镜前后效果对比

10.4.5 塑料包装

塑料包装滤镜可以使图像像涂上一层光亮的塑料，以产生一种表面质感很强的塑料包装效果，使图像具有立体感。打开一幅图像，选择菜单栏中的 滤镜(T) → 艺术效果 → 塑料包装 命令，弹出"塑料包装"对话框。

在 高光强度(H) 文本框中输入数值可设置塑料包装效果中高亮度点的亮度。

在 细节(D) 文本框中输入数值可设置产生效果细节的复杂程度。

在 平滑度(S) 文本框中输入数值可设置产生塑料包装效果的光滑度。

设置相关的参数后，单击 确定 按钮，效果如图 10.4.5 所示。

图 10.4.5 应用塑料包装滤镜前后效果对比

10.4.6 水彩

水彩滤镜以水彩的风格绘制图像，简化图像中的细节，使图像产生类似于用蘸了水和颜色的中号画笔绘制的效果。打开一幅图像，选择菜单栏中的 滤镜(T) → 艺术效果 → 水彩 命令，弹出"水彩"对话框。

在 画笔细节(B) 文本框中输入数值设置水彩笔的细腻程度。

在 阴影强度(S) 文本框中输入数值设置水彩阴影的强度。

在 纹理(T) 文本框中输入数值设置水彩的材质纹理，输入数值范围为 1~3。

设置相关的参数后，单击 确定 按钮，效果如图 10.4.6 所示。

图 10.4.6　应用水彩滤镜前后效果对比

10.4.7　海绵

海绵滤镜是使用颜色对比强烈、纹理较重的区域创建图像，使图像看上去好像是用海绵绘制的。
打开一幅图像，选择菜单栏中的 滤镜(T) → 艺术效果 → 海绵… 命令，弹出"海绵"对话框。

在 画笔大小(B) 文本框中输入数值，可以设置画笔笔刷的大小，其取值范围为 0～10。

在 清晰度(D) 文本框中输入数值，可以设置画笔的粗细程度，其取值范围为 0～25。

在 平滑度(S) 文本框中输入数值，可以设置效果的平滑程度，其取值范围为 1～15。

设置好参数后，单击 确定 按钮，效果如图 10.4.7 所示。

图 10.4.7　应用海绵滤镜前后效果对比

10.5　风格化滤镜组

风格化滤镜是通过置换图像中的像素以及通过查找增加图像的对比度，使图像产生印象派以及其
他风格化派的效果。

10.5.1　浮雕效果

浮雕效果滤镜通过勾画图像或选区的轮廓和降低周围色值来生成浮雕图像效果。打开一幅图像，
选择 滤镜(T) → 风格化 → 浮雕效果… 命令，弹出"浮雕效果"对话框。

在 角度(A): 文本框中输入数值，可设置光线照射的方向；在 高度(H): 文本框中输入数值，可设置凸
出的高度；在 数量(M): 文本框中输入数值，可设置凸出部分细节的百分比。

设置完成后，单击 确定 按钮，效果如图 10.5.1 所示。

图 10.5.1　应用浮雕滤镜前后效果对比

10.5.2　查找边缘

利用查找边缘滤镜命令可将图像边缘的色彩反转并且高亮度显示，产生一种用铅笔勾勒轮廓的效果。其具体的使用方法如下：

选择 滤镜(T) → 风格化 → 查找边缘 命令，执行该命令不弹出任何对话框，直接将效果应用到图像中，效果如图 10.5.2 所示。

图 10.5.2　应用查找边缘滤镜前后效果对比

10.5.3　扩散

利用扩散滤镜命令可使图像产生不同色彩颗粒并向外扩散的效果。打开一幅图像，选择 滤镜(T) → 风格化 → 扩散... 命令，弹出“扩散”对话框。

在 模式 选项中可选择要进行扩散的位置，包括 ⊙ 正常(N)、⊙ 变暗优先(D)、⊙ 变亮优先(L) 和 ⊙ 各向异性(A) 4 个单选按钮。

设置完成后，单击 确定 按钮，效果如图 10.5.3 所示。

图 10.5.3　应用扩散滤镜前后效果对比

10.5.4　风

利用风滤镜命令可在图像中制作各种风吹效果。打开一幅图像,选择 滤镜(T) → 风格化 → 风... 命令,弹出"风"对话框。

在 方法 选项中可设置风力的大小,包括 ⊙ 风(W) 、⊙ 大风(B) 和 ⊙ 飓风(S) 3 个单选按钮;在 方向 选项中可设置风吹的方向,包括 ⊙ 从右(R) 和 ⊙ 从左(L) 两个单选按钮。

设置完成后,单击 确定 按钮,效果如图 10.5.4 所示。

图 10.5.4　应用风滤镜前后效果对比

10.6　扭　曲　滤　镜

扭曲滤镜可以对图像进行扭曲变形等操作,从而产生特殊的效果,此滤镜组是一组功能强大的滤镜。

10.6.1　扩散亮光

扩散亮光滤镜可使图像产生一种弥漫着光热的效果。选择菜单栏中的 滤镜(T) → 扭曲 → 扩散亮光... 命令,弹出"扩散亮光"对话框。

在 粒度(G) 文本框中输入数值,可以设置产生杂点颗粒的数量,其取值范围为 0～10。

在 发光量(L) 文本框中输入数值,可以设置光线的照射强度,其取值范围为 0～20。一般情况下,该参数不应设置得太大,在 10 以内的效果会比较好一些。

在 清除数量(C) 文本框中输入数值,可以设置图像效果的清晰度,其取值范围为 0～20。

设置好参数后,单击 确定 按钮,效果如图 10.6.1 所示。

图 10.6.1　应用扩散亮光滤镜前后效果对比

10.6.2　波纹

波纹滤镜可以使图像表面产生一些起伏的小波纹，其效果看上去像是水面上产生的波纹一样。打开一幅图像，选择菜单栏中的 滤镜(T) → 扭曲 → 波纹... 命令，弹出"波纹"对话框。

在 数量(A) 文本框中输入数值设置产生波纹的数量，输入数值范围为 −999～999。

在 大小(S) 下拉列表中选择波纹的大小。

设置相关的参数后，单击 确定 按钮，效果如图 10.6.2 所示。

图 10.6.2　应用波纹滤镜前后效果对比

10.6.3　切变

切变滤镜可使图像沿设置的曲线进行扭曲变形。选择菜单栏中的 滤镜(T) → 扭曲 → 切变... 命令，弹出"切变"对话框，在此对话框中调节直线的弯曲程度，可设置图像的扭曲程度，调整好后，单击 确定 按钮，效果如图 10.6.3 所示。

图 10.6.3　应用切变滤镜前后效果对比

10.6.4　玻璃

使用玻璃滤镜可产生一种类似透过玻璃看图像的效果。可以在一幅图像上创建富有特色的玻璃透镜。选择菜单栏中的 滤镜(T) → 扭曲 → 玻璃... 命令，弹出"玻璃"对话框。

在 扭曲度(D) 文本框中输入数值设置图像的变形程度。

在 平滑度(M) 文本框中输入数值设置玻璃的平滑程度。

在 缩放(S) 文本框中输入数值设置纹理的缩放比例。

在 纹理(T) 下拉列表中选择表面纹理的变形类型，选项为 小镜头。

选中 ☑ 反相(I) 复选框，可以使图像中的纹理图进行反转。

设置好参数后，单击 确定 按钮，效果如图 10.6.4 所示。

图 10.6.4　应用玻璃滤镜前后效果对比

10.7　素描滤镜组

素描滤镜主要通过模拟素描、速写等绘画手法使图像产生不同的艺术效果。该滤镜可以在图像中添加底纹从而产生三维效果。素描滤镜组中的大部分滤镜都要配合前景色与背景色使用。

10.7.1　影印

影印滤镜可用前景色与背景色来模拟影印图像效果，图像中的较暗区域显示为背景色，较亮区域显示为前景色。打开一幅图像，选择菜单栏中的 滤镜(T) ─→ 素描 ─→ 影印... 命令，弹出"影印"对话框。

在 细节(D) 文本框中输入数值，可设置图像影印效果细节的明显程度。

在 暗度(A) 文本框中输入数值，可设置图像较暗区域的明暗程度，输入数值越大，暗区越暗。

设置好参数后，单击 确定 按钮，效果如图 10.7.1 所示。

图 10.7.1　应用影印滤镜前后效果对比

10.7.2　半调图案

半调图案滤镜使用前景色和背景色在当前图像中重新添加颜色，使图像产生网状图案效果。打开一幅图像，选择菜单栏中的 滤镜(T) ─→ 素描 ─→ 半调图案... 命令，弹出"半调图案"对话框。

在 大小(S) 文本框中输入数值设置图案的大小。

在 对比度(C) 文本框中输入数值设置图像中前景色和背景色的对比度。

在 图案类型(P) 下拉列表中可选择产生的图案类型，包括圆形、网点和直线 3 种类型。

设置相关的参数后，单击 确定 按钮，效果如图 10.7.2 所示。

图 10.7.2 应用半调图案滤镜前后效果对比

10.7.3 水彩画纸

水彩画纸滤镜可以使图像产生类似在潮湿的纸上绘图而产生画面浸湿的效果。打开一幅图像，选择菜单栏中的 滤镜(T) → 素描 → 水彩画纸... 命令，弹出"水彩画纸"对话框。

在 纤维长度(F) 文本框中输入数值可设置扩散的程度与画笔的长度。

在 亮度(B) 文本框中输入数值可设置图像的亮度。

在 对比度(C) 文本框中输入数值可设置图像的对比度。

设置相关的参数后，单击 确定 按钮，效果如图 10.7.3 所示。

图 10.7.3 应用水彩画纸滤镜前后效果对比

10.7.4 撕边

利用撕边滤镜可以将图像撕成碎纸片状，使图像产生粗糙的边缘，并以前景色与背景色渲染图像。打开一幅图像，选择菜单栏中的 滤镜(T) → 素描 → 撕边... 命令，弹出"撕边"对话框。

在 图像平衡(I) 文本框中输入数值设置前景色与背景色之间的平衡比例。

在 平滑度(S) 文本框中输入数值设置撕破边缘的平滑程度。

在 对比度(C) 文本框中输入数值设置图像的对比度。

设置相关的参数后，单击 确定 按钮，效果如图 10.7.4 所示。

图 10.7.4 应用撕边滤镜前后效果对比

10.7.5　铬黄

　　铬黄滤镜可以模拟发光的液体金属效果，使图像产生金属质感效果。打开一幅图像，选择菜单栏中的 滤镜(T) → 素描 → 铬黄... 命令，弹出"铬黄渐变"对话框。

　　在 细节(D) 文本框中输入数值设置原图像细节保留的程度。

　　在 平滑度(S) 文本框中输入数值设置铬黄效果纹理的光滑程度。

　　设置相关的参数后，单击 确定 按钮，效果如图 10.7.5 所示。

图 10.7.5　应用铬黄滤镜前后效果对比

10.7.6　便条纸

　　便条纸滤镜用来模拟凸现压印图案产生草纸画效果。打开一幅图像，选择菜单栏中的 滤镜(T) → 素描 → 便条纸... 命令，弹出"便条纸"对话框。

　　在 图像平衡(I) 文本框中输入数值设置前景色与背景色之间的平衡比例。

　　在 凸现(R) 文本框中输入数值设置压印图案的凸现程度。

　　设置相关的参数后，单击 确定 按钮，效果如图 10.7.6 所示。

图 10.7.6　应用便条纸滤镜前后效果对比

10.7.7　绘图笔

　　绘图笔滤镜可使图像产生使用精细的、具有一定方向的油墨线条重绘的效果。打开一幅图像，选择菜单栏中的 滤镜(T) → 素描 → 绘图笔... 命令，弹出"绘图笔"对话框。

　　在 描边长度(S) 文本框中输入数值设置笔画长度。

　　在 明/暗平衡(B) 文本框中输入数值设置图像效果的明暗平衡度。

　　在 描边方向(D) 下拉列表中选择笔画描绘的方向。

　　设置相关的参数后，单击 确定 按钮，效果如图 10.7.7 所示。

图 10.7.7　应用绘图笔滤镜前后效果对比

10.8　画笔描边滤镜组

画笔描边滤镜是利用不同的画笔和油墨描边，使图像产生一种具有一定长度、宽度的线条效果。

10.8.1　成角的线条

成角的线条滤镜命令是利用两种角度的线条来描绘图像，使图像产生具有方向性的线条效果。打开一幅图像，选择 滤镜(T) → 画笔描边 → 成角的线条... 命令，弹出"成角的线条"对话框。

在 方向平衡(D) 文本框中输入数值，可设置描边线条的方向角度。

在 描边长度(L) 文本框中输入数值，可设置描边线条的长度。

在 锐化程度(S) 文本框中输入数值，可设置图像效果的锐化程度。

设置完成后，单击 确定 按钮，效果如图 10.8.1 所示。

图 10.8.1　应用成角的线条滤镜前后效果对比

10.8.2　墨水轮廓

利用墨水轮廓滤镜可在图像中建立黑色油墨的喷溅效果。打开一幅图像，选择 滤镜(T) → 画笔描边 → 墨水轮廓... 命令，弹出"墨水轮廓"对话框。

在 描边长度(S) 文本框中输入数值，可以设置画笔描边的线条长度。

在 深色强度(D) 文本框中输入数值，可以设置黑色油墨的强度。

在 光照强度(L) 文本框中输入数值，可以设置图像中浅色区域的光照强度。

设置完成后，单击 确定 按钮，效果如图 10.8.2 所示。

图 10.8.2 应用墨水轮廓滤镜前后效果对比

10.8.3 强化的边缘

利用强化的边缘滤镜命令可以强化勾勒图像的边缘，使图像边缘产生荧光效果。打开一幅图像，选择 滤镜(T) → 画笔描边 → 强化的边缘... 命令，弹出"强化的边缘"对话框。

在 边缘宽度(W) 文本框中输入数值，可设置需要强化的边缘宽度。

在 边缘亮度(B) 文本框中输入数值，可设置边缘的明亮程度。

在 平滑度(S) 文本框中输入数值，可设置图像效果的平滑程度。

设置完成后，单击 确定 按钮，效果如图 10.8.3 所示。

图 10.8.3 应用强化的边缘滤镜前后效果对比

10.8.4 喷溅

喷溅滤镜命令是利用图像本身的颜色来产生喷溅效果，类似于用水在画面上喷溅、浸润的效果。打开一幅图像，选择 滤镜(T) → 画笔描边 → 喷溅... 命令，弹出"喷溅"对话框。

在 喷色半径(R) 文本框中输入数值，可设置喷溅的范围。

在 平滑度(S) 文本框中输入数值，可设置喷溅效果的平滑程度。

设置完成后，单击 确定 按钮，效果如图 10.8.4 所示。

图 10.8.4 应用喷溅滤镜前后效果对比

10.9   纹理滤镜组

纹理滤镜可以使图像中各部分之间产生过渡变形的效果，其主要的功能是在图像中加入各种纹理以产生图案效果。使用纹理滤镜可以使图像的表面具有深度感或物质覆盖表面的感觉。

10.9.1   龟裂缝

利用龟裂缝滤镜命令可使图像产生干裂的浮雕纹理效果。打开一幅图像，选择 滤镜(T) ➝ 纹理 ➝ 龟裂缝... 命令，弹出"龟裂缝"对话框。

在 裂缝间距(S) 文本框中输入数值，可设置产生的裂纹之间的距离。

在 裂缝深度(D) 文本框中输入数值，可设置产生裂纹的深度。

在 裂缝亮度(B) 文本框中输入数值，可设置裂缝的亮度。

设置完成后，单击 确定 按钮，效果如图 10.9.1 所示。

图 10.9.1   应用龟裂缝滤镜前后效果对比

10.9.2   拼缀图

利用拼缀图滤镜命令可将图像拆分为不同颜色的小方块，类似于拼贴图的效果。打开一幅图像，选择 滤镜(T) ➝ 纹理 ➝ 拼缀图... 命令，弹出"拼缀图"对话框。

在 方形大小(S) 文本框中输入数值，可设置生成方块的大小。

在 凸现(R) 文本框中输入数值，可设置方块的凸现程度。

设置完成后，单击 确定 按钮，效果如图 10.9.2 所示。

图 10.9.2   应用拼缀图滤镜前后效果对比

10.9.3   马赛克拼贴

该滤镜通过将图像分割为不同形状的小块，并加深在这些小块交界处的颜色，使之显出缝隙的效果。打开一幅图像，选择 滤镜(T) ➝ 纹理 ➝ 马赛克拼贴... 命令，弹出"马赛克拼贴"对话框。

在其对话框中，用户可设置马赛克的尺寸、缝隙宽度以及缝隙亮度。如图 10.9.3 所示为应用马赛克拼贴滤镜前后效果对比。

图 10.9.3　应用马赛克拼贴滤镜前后效果对比

10.9.4　染色玻璃

利用染色玻璃滤镜命令可以制作彩色的玻璃效果，像是透过花玻璃看图像的效果。打开一幅图像，选择 滤镜(T) → 纹理 → 染色玻璃... 命令，弹出"染色玻璃"对话框。

在 单元格大小(C) 文本框中输入数值，可设置产生的玻璃格的大小。

在 边框粗细(B) 文本框中输入数值，可设置玻璃边框的粗细。

在 光照强度(L) 文本框中输入数值，可设置光线照射的强度。

设置完成后，单击 确定 按钮，效果如图 10.9.4 所示。

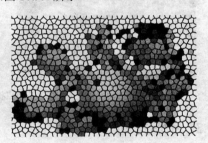

图 10.9.4　应用染色玻璃滤镜前后效果对比

10.10　像素化滤镜组

像素化滤镜组主要用来将图像分块或将图像平面化，将图像中颜色相近的像素连接，形成相近颜色的像素块。

10.10.1　彩色半调

彩色半调滤镜模拟在图像的每个通道上使用放大的半调网屏效果。打开一幅图像，选择菜单栏中的 滤镜(T) → 像素化 → 彩色半调... 命令，弹出"彩色半调"对话框。

在 最大半径(R): 文本框中输入数值，设置网格的大小；在 网角(度): 选项区中设置屏蔽的度数，其中的 4 个通道分别代表填入的颜色之间的角度，每一个通道的取值范围在－360～360 之间。

设置相关的参数后，单击 确定 按钮，效果如图 10.10.1 所示。

图 10.10.1　应用彩色半调滤镜前后效果对比

10.10.2　点状化

点状化滤镜可将图像中的颜色分散为随机分布的网点，且用背景色来填充网点之间的区域，从而实现点描画的效果。打开一幅图像，选择菜单栏中的 滤镜(I) → 像素化 → 点状化... 命令，弹出"点状化"对话框。在其对话框中设置 单元格大小(C) 数值，设置好参数后，单击 确定 按钮。使用点状化滤镜前后的效果对比如图 10.10.2 所示。

图 10.10.2　应用点状化滤镜前后效果对比

10.10.3　铜版雕刻

铜版雕刻滤镜是用点、线条或画笔重新生成图像。打开一幅图像，选择菜单栏中的 滤镜(I) → 像素化 → 铜版雕刻... 命令，弹出"铜版雕刻"对话框。在其对话框中的 类型 下拉列表中选择铜版雕刻的类型，设置完成后，单击 确定 按钮。使用铜版雕刻滤镜前后的效果对比如图 10.10.3 所示。

图 10.10.3　应用铜版雕刻滤镜前后效果对比

10.10.4　晶格化

晶格化滤镜可以在图像的表面产生结晶颗粒，使相近的像素集结形成一个多边形网格。打开一幅图像，选择菜单栏中的 滤镜(I) → 像素化 → 晶格化... 命令，弹出"晶格化"对话框。

在 单元格大小(C) 文本框中输入数值设置产生色块的大小，取值范围在 3～300 之间。

设置相关的参数后，单击 确定 按钮，效果如图 10.10.4 所示。

图 10.10.4　应用晶格化滤镜前后效果对比

10.10.5　马赛克

马赛克滤镜是通过将一个单元内的所有像素统一颜色，使图像产生如同是由一个个单一色彩小方块组成的马赛克效果。打开一幅图像，选择菜单栏中的 滤镜(I) → 像素化 → 马赛克... 命令，弹出"马赛克"对话框。

在 单元格大小(C): 文本框中输入数值，设置产生单元格的大小，取值范围在 2～200 之间。

设置相关的参数后，单击 确定 按钮，效果如图 10.10.5 所示。

图 10.10.5　应用马赛克滤镜前后效果对比

10.11　渲染滤镜组

渲染滤镜组可以对图像进行镜头光晕、云彩以及光照等效果的处理。

10.11.1　光照效果

光照效果滤镜是 Photoshop CS4 中较复杂的滤镜，可对图像应用不同的光源、光类型和光的特性，也可以改变基调、增加图像深度和聚光区。打开一幅图像，选择菜单栏中的 滤镜(I) → 渲染 → 光照效果... 命令，弹出"光照效果"对话框。

样式:：用于选择光照样式。

光照类型:：用于选择光照类型，包括平行光、全光源、点光。

强度:：用于控制光源的强度，还可以在右边的颜色框中选择一种灯光的颜色。

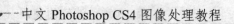

聚焦：可以调节光线的宽窄。此选项只有在使用点光时可使用。

属性：拖动 光泽：滑块可调节图像的反光效果；材料：滑块可控制光线或光源所照射的物体是否产生更多的折射；曝光度：可用于控制光线明暗度；环境：可用于设置光照范围的大小。

纹理通道：在此下拉列表中可以选择一个通道，即将一个灰色图像当做纹理来使用。

设置完参数后，单击 确定 按钮，最终效果如图 10.11.1 所示。

图 10.11.1　应用光照效果滤镜前后效果对比

10.11.2　镜头光晕

镜头光晕滤镜可给图像添加类似摄像机对着光源拍摄时的镜头炫光效果，可自动调节摄像机炫光位置。打开一幅图像，选择菜单栏中的 滤镜(I) → 渲染 → 镜头光晕... 命令，弹出"镜头光晕"对话框。

在 亮度(B)：文本框中输入数值可设置炫光的亮度大小。

拖动 光晕中心：显示框中的十字光标可以设置炫光的位置。

在 镜头类型 选项区中选择镜头的类型。

设置相关的参数后，单击 确定 按钮，效果如图 10.11.2 所示。

图 10.11.2　应用镜头光晕滤镜前后效果对比

10.11.3　云彩

云彩滤镜是在前景色和背景色之间随机抽取像素值并转换为柔和的云彩效果。打开一幅图像，选择菜单栏中的 滤镜(I) → 渲染 → 云彩 命令，系统会自动对图像进行调整，效果如图 10.11.3 所示。

图 10.11.3　应用云彩滤镜前后效果对比

　　　提示：在选择云彩滤镜命令时按下"Shift"键可产生低漫射云彩。如果需要一幅对比强烈的云彩效果，在选择云彩命令时须按"Alt"键。

10.11.4　纤维

　　纤维滤镜命令可使图像产生一种纤维化的图案效果，其颜色与前景色和背景色有关。打开一幅图像，选择 滤镜(T) → 渲染 → 纤维... 命令，弹出"纤维"对话框。

　　在 差异 文本框中输入数值，可设置纤维的变化程度。

　　在 强度 文本框中输入数值，可设置图像效果中纤维的密度。

　　单击 随机化 按钮，可生成随机的纤维效果。

　　设置完成后，单击 确定 按钮，效果如图 10.11.4 所示。

图 10.11.4　应用纤维滤镜前后效果对比

10.12　杂色滤镜组

　　应用杂色滤镜可以在图像中随机地添加或减少杂色，这有利于将选区混合到周围的像素中。使用杂色滤镜可创建与众不同的纹理，如灰尘或划痕。

10.12.1　蒙尘与划痕

　　蒙尘与划痕滤镜命令是通过不同的像素来减少图像中的杂色。打开一幅图像，选择 滤镜(T) → 杂色 → 蒙尘与划痕... 命令，弹出"蒙尘与划痕"对话框。

　　在 半径(R): 文本框中输入数值，可设置清除缺陷的范围；在 阈值(I): 文本框中输入数值，可设置进行处理的像素的阈值。

　　设置完成后，单击 确定 按钮，效果如图 10.12.1 所示。

图 10.12.1　应用蒙尘与划痕滤镜前后效果对比

10.12.2　添加杂色

利用添加杂色滤镜命令可给图像添加杂点。打开一幅图像，选择 滤镜(T) → 杂色 → 添加杂色... 命令，弹出"添加杂色"对话框。

在 数量(A): 文本框中输入数值，可设置添加杂点的数量。

在 分布 选项区中可设置杂点的分布方式，包括 ⊙ 平均分布(U) 和 ⊙ 高斯分布(G) 两个单选按钮。

选中 ☑ 单色(M) 复选框，可增加图像的灰度，设置杂点的颜色为单色。

设置完成后，单击 确定 按钮，效果如图 10.12.2 所示。

图 10.12.2　应用添加杂色滤镜前后效果对比

10.12.3　中间值

利用中间值滤镜命令可消除或减少图像中动感效果，使图像平滑化。打开一幅图像，选择 滤镜(T) → 杂色 → 中间值... 命令，弹出"中间值"对话框。

在 半径(R): 文本框中输入数值，可设置图像中像素的色彩平均化。

设置完成后，单击 确定 按钮，效果如图 10.12.3 所示。

图 10.12.3　应用中间值滤镜前后效果对比

10.12.4　去斑

去斑滤镜可以保留图像边缘而轻微模糊图像，从而去除较小的杂色。用户可以利用它来减少干扰或模糊过于清晰的区域，并可除去扫描图像中的波纹图案。打开一幅图像，选择 滤镜(T) → 杂色 →

去斑 命令，系统会自动对图像进行调整。

10.13 锐化滤镜组

锐化滤镜组通过增加相邻像素的对比度来聚焦模糊的图像。使用该组滤镜可使图像更清晰逼真，但是如果锐化太强烈，反而会适得其反。

10.13.1 USM 锐化

使用 USM 锐化滤镜可以在图像边缘的两侧分别制作一条明线或暗线，以调整其边缘细节的对比度，最终使图像的边缘轮廓锐化。打开一幅图像，选择菜单栏中的 滤镜(T) → 锐化 → USM 锐化... 命令，弹出"USM 锐化"对话框。

在 数量(A): 文本框中输入数值设置锐化的程度。

在 半径(R): 文本框中输入数值设置边缘像素周围影响锐化的像素数。

在 阈值(T): 文本框中输入数值设置锐化的相邻像素之间的最低差值。

设置相关的参数后，单击 确定 按钮，效果如图 10.13.1 所示。

图 10.13.1 应用 USM 锐化滤镜前后效果对比

10.13.2 进一步锐化

进一步锐化滤镜可以产生强烈的锐化效果，用于提高图像的对比度和清晰度。此滤镜处理的图像效果比 USM 锐化滤镜更强烈。如图 10.13.2 所示为应用进一步锐化滤镜前后效果对比。

图 10.13.2 应用进一步锐化滤镜前后效果对比

10.13.3 锐化

利用锐化滤镜可以增加图像像素之间的对比度，使图像清晰化。打开一幅图像，选择菜单栏中的 滤镜(T) → 锐化 → 锐化 命令，系统会自动对图像进行调整，效果如图 10.13.3 所示。

图 10.13.3 应用锐化滤镜前后效果对比

10.14 其他滤镜组

其他滤镜组主要用于修饰图像的部分细节，同时也可以创建一些用户自定义的特殊效果。此滤镜组包括高反差保留、位移、自定、最大值和最小值 5 种滤镜。

10.14.1 高反差保留

高反差保留滤镜可以删除图像中亮度逐渐变化的部分，并保留色彩变化最大的部分。该滤镜可以使图像中的阴影消失而亮点部分更加突出。打开一幅图像，选择菜单栏中的 滤镜(T) → 其它 → 高反差保留... 命令，弹出"高反差保留"对话框。

在 半径(R): 文本框中输入数值设置像素周围的距离，输入数值范围为 0.1～250。

设置相关的参数后，单击 确定 按钮，效果如图 10.14.1 所示。

图 10.14.1 应用高反差保留滤镜前后效果对比

10.14.2 位移

位移滤镜将根据设定值对图像进行移动，可以用来创建阴影效果。打开一幅图像，选择菜单栏

中的 滤镜(T) → 其它 → 位移... 命令，弹出"位移"对话框。

在 水平(H): 文本框中输入数值，图像将以指定的数值水平移动；在 垂直(V): 文本框中输入数值，图像将以指定的数值垂直移动。

在 未定义区域 选项区中选择移动后空白区域的填充方式，包括 ⊙ 设置为背景(B) 、 ⊙ 重复边缘像素(R) 和 ⊙ 折回(W) 3 个单选按钮。

设置相关的参数后，单击 确定 按钮，效果如图 10.14.2 所示。

图 10.14.2 应用位移滤镜前后效果对比

10.14.3 最大值

最大值滤镜可以在指定的搜索区域中，用像素的亮度最大值替换其他像素的亮度值，因此可以扩大图像中的亮区，缩小图像中的暗区。打开一幅图像，选择菜单栏中的 滤镜(T) → 其它 → 最大值... 命令，弹出"最大值"对话框。

在 半径(R): 文本框中输入数值，可以设置选取较暗像素的距离。

设置相关的参数后，单击 确定 按钮，效果如图 10.14.3 所示。

图 10.14.3 应用最大值滤镜前后效果对比

10.14.4 最小值

最小值滤镜与最大值滤镜刚好相反，使用最小值滤镜可以在指定的搜索区域内用像素的亮度最小值替换其他像素的亮度值，因此可以扩大图像中的暗区，缩小图像中的亮区。选择菜单栏中的 滤镜(T) → 其它 → 最小值... 命令，弹出"最小值"对话框。

在 半径(R): 文本框中输入数值，可以设置选取较亮像素的距离。

设置相关的参数后，单击 确定 按钮，效果如图 10.14.4 所示。

图 10.14.4　应用最小值滤镜前后效果对比

10.15　典型实例——制作化石效果

本节综合运用前面所学的知识制作化石效果，最终效果如图 10.15.1 所示。

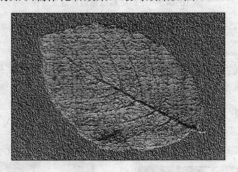

图 10.15.1　最终效果图

操作步骤

（1）按"Ctrl+O"键，打开一幅图像文件，如图 10.15.2 所示。

（2）单击工具箱中的"快速选择工具"按钮，在图像中创建如图 10.15.3 所示的选区。

图 10.15.2　打开的图像　　　　　　　图 10.15.3　创建选区

（3）选择菜单栏中的 选择(S) → 反向(I) 命令，效果如图 10.15.4 所示。

（4）按"Ctrl+J"键，将选区中的图像复制到一个新图层中，选择 图像(I) → 调整(A) → 去色(D) 命令，将图像转化为黑白色，效果如图 10.15.5 所示。

图 10.15.4　反选选区

图 10.15.5　通过拷贝的图层

（5）选择 滤镜(T) → 纹理 → 龟裂缝... 命令，为图像添加龟裂缝效果，如图 10.15.6 所示。

（6）单击背景层，将前景色设置为深灰色，按 "Alt+Delete" 键填充背景层，如图 10.15.7 所示。

图 10.15.6　应用龟裂缝滤镜效果

图 10.15.7　填充背景层

（7）选择 滤镜(T) → 纹理 → 纹理化... 命令，为图像添加纹理化效果，最终效果如图 10.15.1 所示。

本 章 小 结

本章主要介绍了 Photoshop CS4 中滤镜的使用方法与技巧，通过本章的学习，读者应掌握滤镜的用途和使用技巧，并通过反复的实践学习，合理地搭配应用各种滤镜创作出优秀的作品。

过 关 练 习

一、填空题

1．在 Photoshop CS4 中滤镜按照不同的处理效果可分为_____类。

2．滤镜不能应用在模式为_____与_____的图像中。

3．使用_____滤镜可以对图像进行各种扭曲和变形处理。

4．_____滤镜将随机像素应用于图像，模拟在高速胶片上拍照的效果，从而为图像添加一些细小的颗粒状像素。

5．使用_____滤镜能够产生旋转模糊或放射模糊的效果。

二、选择题

1．按（　　）键可重复执行上次使用的滤镜。

（A）Ctrl+F　　　　　　　　　　　　（B）Ctrl+A

（C）Ctrl+Shift+F　　　　　　　　　（D）Ctrl+J

2. 艺术效果滤镜仅限于（　　）色彩模式和多通道色彩模式的图像。

    （A）RGB   （B）CMYK

    （C）Lab   （D）索引

3.（　　）滤镜用于为美术或商业项目制作绘画效果或艺术效果。

    （A）素描   （B）画笔描边

    （C）艺术效果   （D）风格化

4. 制作风轮效果可以使用（　　）滤镜。

    （A）挤压   （B）极坐标

    （C）旋转扭曲   （D）切变

三、简答题

1. 简述滤镜的基本使用方法与技巧。

2. 如何使用液化滤镜处理图像效果？

3. 如何为图像添加光照效果？

四、上机操作题

1. 打开一幅图像文件，使用本章所学的知识创建不同的滤镜效果，并比较它们的特点及用途。

2. 使用本章所学的滤镜，制作如题图 10.1 所示的图像效果。

题图 10.1

第11章

自动化与网络

章前导航

　　自动化与动作是 Photoshop CS4 中用于提高工作效率的重要功能。通过软件提供的自动化命令可以十分轻松地完成大量的图像处理过程，通过自定义的动作和动画可以完成批量的个性效果图像的制作。本章主要介绍动作、自动化与动画的功能与使用方法，以及设置网络图像的技巧。

本章要点

- ➡ 动作
- ➡ 自动化
- ➡ 动画
- ➡ 设置网络图像

11.1 动 作

在 Photoshop CS4 中动作是非常重要的一个功能，它可以详细记录处理图像的全过程，也就是说将 Photoshop 的一系列命令组合为一个独立的动作，并且可以在其他的图像中使用，这对于需要进行相同处理的图像是非常方便、快速的。

11.1.1 动作面板

动作的操作基本集中在动作面板中，使用动作面板可以记录、应用、编辑和删除个别动作，还可以用来存储和载入动作文件。选择菜单栏中的 [窗口(W)] → [动作] 命令，将会弹出动作面板，如图 11.1.1 所示。

图 11.1.1 动作面板

（1）单击"创建新动作"按钮 [ ]，可以创建一个新动作。

（2）单击"删除"按钮 [ ]，可以删除当前选择的动作。

（3）单击"创建新组"按钮 [ ]，可以创建一个新的动作组。

（4）单击"播放选定的动作"按钮 [ ]，应用当前选择的动作。

（5）单击"开始记录"按钮 [ ]，开始录制动作。

（6）单击"停止播放/记录"按钮 [ ]，停止录制动作。

（7）在动作面板中单击"组"、"动作"或"命令"左侧的三角形按钮 ▶，可以展开或折叠；按住"Alt"键的同时单击该三角形按钮 ▶，可展开或折叠一个"组"中的全部"动作"或一个"动作"中的全部"命令"。

（8）在动作面板中单击"动作"名称即选择了此动作。按住"Shift"键的同时单击"动作"名称可以选择多个连续的动作；按住"Ctrl"键的同时单击"动作"名称则可以选择多个不连续的动作。

11.1.2 创建动作

在多数情况下，需要创建自定义的动作，以满足不同的工作需求。

要创建新动作，可以按以下操作步骤进行：

（1）单击"动作"面板下方的"创建新组"按钮 [ ]，在弹出的"新建组"对话框中输入组名称后单击 [确定] 按钮。此操作并非必须，可以根据自己的实际需要确定是否需要创建一个放置新动作的组。

（2）单击"动作"面板中的"创建新动作"按钮 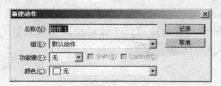，或者单击"动作"面板右上角的扩展按钮，在弹出的菜单中选择"新建动作"命令，均会弹出"新建动作"对话框，如图 11.1.2 所示。

图 11.1.2　"新建动作"对话框

1）名称：在此文本框中输入"新动作"的名称。

2）组：在此下拉列表中选择"新动作"所放置的组名称。

3）功能键：在此下拉列表中选择一个功能键，从而实现通过功能键应用该动作的功能。

4）颜色：在此下拉列表中选择一种颜色作为"动作"面板在按钮显示模式下新动作的颜色。

（3）设置完"新建动作"对话框中的参数后，"开始记录"按钮 ● 自动被激活，此时，单击该按钮表示进入动作的录制阶段。

（4）执行需要录制在当前动作中的命令。

（5）执行完所有的操作后，单击"停止播放/记录"按钮 ▇ 。

此时，动作面板中将显示录制的新动作。

11.1.3　应用动作

记录一个动作后，就可以对要进行同样处理的图像使用该动作。执行时 Photoshop 会自动执行该动作中记录的所有命令。

执行动作就像执行菜单命令一样简单。首先选中要执行的动作，然后单击动作面板中的"播放选定的动作"按钮 ▶ ，或者执行面板菜单中的"播放"命令，这样，动作中录制的命令就会逐一自动执行。

也可以在按钮模式下执行动作，只要在该模式下单击要执行的动作名称即可。若为动作设定了快捷键，可以使用快捷键来执行动作。在按钮模式下，动作序列中的所有命令都被执行。

选中之后，便可以像执行单个动作那样执行，Photoshop 将按照面板中的次序逐一执行选中的动作，几个序列也可以被同时执行。同执行文件夹中的多个动作一样，按住"Shift"键单击动作面板中的序列名称，可以选中多个不连续的序列，选中之后便可以用同样的方法执行。

要应用默认"动作"或自己录制的"动作"，可在动作面板中单击选中该动作，然后单击"播放选定的动作"按钮 ▶ ，或在动作面板的弹出菜单中选择"播放"命令。

如图 11.1.3 所示为图片应用"木质画框"和"四分颜色"动作的效果。

图 11.1.3　应用动作效果

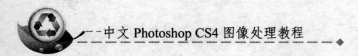

11.2 自 动 化

Photoshop CS4 软件提供的自动化命令可以十分轻松地完成大量的图像处理过程，从而减少工作时间，自动化工具被集成在 文件(F) → 自动(U) 菜单中。

11.2.1 批处理

在"批处理"对话框中可以根据选择的动作将"源"部分文件夹中的图像应用指定的动作，并将应用动作后的所有图像都存放在"目标"部分文件夹中，选择 文件(F) → 自动(U) → 批处理(B)... 命令，即可弹出"批处理"对话框，如图 11.2.1 所示。

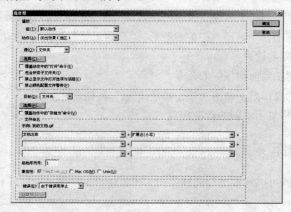

图 11.2.1 "批处理"对话框

其对话框中的各选项参数介绍如下：

（1）从"播放"选项区中的"组"和"动作"下拉列表中可以选择需要应用的"组"和"动作"名称。

（2）从"源"下拉列表中可以选择需要进行"批处理"的选项，包括文件夹、导入、打开的文件和 Bridge。

1）文件夹：此选项为默认选项，可以将批处理的运行范围指定为文件夹，选择此选项后必须单击"选择"按钮，在弹出"浏览文件夹"对话框中选择要执行批处理的文件夹。

2）导入：此选项用于对来自数码相机或扫描仪的图像输入和应用动作。

3）打开的文件：此选项用于对所有已打开的文件应用动作。

4）Bridge：此选项用于对显示与"文件浏览器"中的文件应用动作。

（3）选中 ☑ 覆盖动作中的"打开"命令(R) 复选框，动作中的"打开"命令将引用"批处理"的文件而不是动作中指定的文件名，选择此复选框将弹出"批处理"提示框，如图 11.2.2 所示。

图 11.2.2 "批处理"提示框

（4）选中 ☑ 包含所有子文件夹(I) 复选框，可以使动作能够同时处理指定文件夹中所有子文件夹包含的可用文件。

（5）选中 ☑ 禁止显示文件打开选项对话框(E) 复选框，将关闭颜色方案信息的显示。

（6）选中 ☑ 覆盖动作中的"存储为"命令(V) 复选框，动作中的"存储为"命令将引用批处理的文件，而不是动作中指定的文件名和位置。

（7）"目标"选项区用于设置将批处理后的源文件存储的位置。

1）目标：可以在其下拉列表中选择批处理后文件的存储位置选项，包括无、存储并关闭和文件夹。

2）选择：在"目标"选项中选择"文件夹"后，会激活该按钮，主要用来设置批处理后文件存储的文件夹。

3）覆盖动作中的"存储"命令：如果动作中包含"存储为"命令，选中该复选框后，在进行批处理时，动作的"存储为"命令将引用批处理的文件，而不是动作中指定的文件名和位置。

（8）从"错误"下拉列表中可以选择处理错误的选项。

1）由于错误而停止：选择此选项，在动作执行过程中如果遇到错误将中止批处理，建议不选择此选项。

2）将错误记录到文件：选择此选项，并单击下面的"存储为"按钮，在弹出的"存储"对话框中输入文件名，可以将批处理运行过程中所遇到的每个错误记录并保存在一个文本文件中。

设置好所有选项后，单击 确定 按钮，则 Photoshop 开始自动执行指定的动作。

11.2.2 创建快捷批处理

使用创建快捷批处理命令创建图标后，将要应用该命令的文件拖动到 ⬇ 图标上即可。选择菜单栏中的 文件(F) → 自动(U) → 创建快捷批处理(C)... 命令，弹出"创建快捷批处理"对话框，如图 11.2.3 所示。在其对话框中设置好相关的参数后，单击 确定 按钮，即可创建快捷批处理。

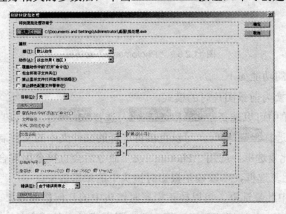

图 11.2.3　"创建快捷批处理"对话框

11.2.3 条件模式更改

使用条件模式更改命令可以将当前选取的图像颜色模式转换成自定颜色模式。选择菜单栏中的 文件(F) → 自动(U) → 条件模式更改... 命令，弹出"条件模式更改"对话框，如图 11.2.4 所示。

图 11.2.4　"条件模式更改"对话框

该对话框中各选项的功能如下：

源模式：用来设置将要转换的颜色模式。

目标模式：用来设置转换后的颜色模式。

11.2.4　Photomerge

使用 Photomerge 命令可以将局部图像自动合成为全景照片，该功能与"自动对齐图层"命令相同。选择菜单栏中的 文件(F) → 自动(U) → Photomerge... 命令，将弹出"Photomerge"对话框，如图 11.2.5 所示。

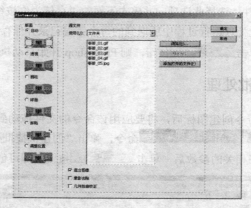

图 11.2.5　"Photomerge"对话框

该对话框中各选项的功能如下：

版面：用来设置转换为前景图片时的模式。

源文件：在下拉菜单中可以选择 文件 和 文件夹 。选择 文件 时，可以直接将选择的两个以上的文件制作成合并图像；选择 文件夹 时，可以直接将选择的文件夹中的文件制作成合并图像。

☑ **混合图像**：选中此复选框，应用"Photomerge"命令后会直接套用混合图像蒙版。

☑ **晕影去除**：选中此复选框，可以校正摄影时镜头中的晕影效果。

☑ **几何扭曲校正**：选中此复选框，可以校正摄影时镜头中的几何扭曲效果。

浏览(B)... ：单击此按钮，可以选择合成全景图像的文件或文件夹。

移去(R) ：单击此按钮，可以删除列表中选择的文件。

添加打开的文件(F) ：单击该按钮，可以将软件中打开的文件直接添加到列表中。

11.2.5　裁剪并修齐照片

使用裁剪并修齐照片命令可以将一次扫描的多幅图像分离出来，是一个非常实用且操作简单的自动化命令。打开需要处理的图像，选择菜单栏中的 文件(F) → 自动(U) → 裁剪并修齐照片 命令，即可自动对图像进行操作。

打开 4 幅图像，把各图像放在一个图层上，如图 11.2.6 所示，利用"裁剪并修齐照片"命令将各个图像分割为单独的文件，如图 11.2.7 所示。

图 11.2.6　裁剪前的文件

图 11.2.7　裁剪后生成单独的文件

11.2.6　限制图像

使用限制图像命令可以将当前图像在不改变分辨率的情况下改变高度与宽度。选择菜单栏中的 文件(F) → 自动(U) → 限制图像... 命令，将弹出"限制图像"对话框，如图 11.2.8 所示。

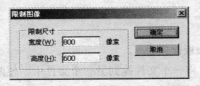
图 11.2.8　"限制图像"对话框

11.3　动　　画

动画是在一段时间内显示的系列图像或帧。每一帧较前一帧都有轻微的变化，当连续、快速地显示这些帧时就会产生运动的错觉。使用动画面板可以创建、查看和设置动画帧中元素的位置和外形。在面板中可以更改帧的缩略图——使用较小的缩略图可以减少面板所需要的空间，并在给定的面板宽度上显示更多的帧。

选择 窗口(W) → 动画 命令，弹出动画面板，如图 11.3.1 所示。

图 11.3.1　动画面板

动画面板的中间部分是动画帧的预览区域。

"播放停止动画"按钮 ▶：用于播放或停止动画。

"复制当前帧"按钮 ：用于复制或创建当前帧。

"删除选中帧"按钮 ：用于删除选中的当前帧。

"选择前一帧"按钮 和"选择下一帧"按钮 ：分别用于选择前一帧和下一帧。

"选择第一帧"按钮 ：用于回到第一帧。

"过渡"按钮 ：用于添加过渡帧。

单击动画面板右侧的 按钮，将弹出动画面板菜单，在此菜单中可创建帧、删除帧、设置动画等，如图 11.3.2 所示。

图 11.3.2 动画面板菜单

11.3.1 创建动画

结合使用图层面板和动画面板制作动画。

（1）打开两个图片文件，将一个文件拖到另一个文件中，使两张图片分别位于两个图层，如图 11.3.3 所示。单击图层 1 的眼睛图标，隐藏图层 1，如图 11.3.4 所示。

图 11.3.3 图层面板

图 11.3.4 隐藏图层 1

（2）在动画面板中单击 按钮新建帧，然后单击图层 1 左侧的方格，将图层 1 的图像显示出来，此时的动画面板如图 11.3.5 所示。单击面板底部的"播放"按钮 ，便可预览动画效果。

图 11.3.5 动画面板

11.3.2 拷贝和粘贴帧

"拷贝帧"和"粘贴帧"选项位于动画面板的快捷菜单中。拷贝帧就是复制图层的所有内容,包括位置和其他属性;粘贴帧就是将复制的图层设置应用到目标帧。选择"粘贴"命令后,会打开"粘贴帧"对话框,如图 11.3.6 所示。

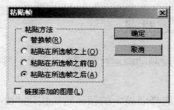

图 11.3.6 "粘贴帧"对话框

其对话框中的各选项参数介绍如下:

替换帧(R):可用复制的帧替换所选的帧。如果是将一些帧粘贴在同一图像,则不会增加新图层;如果是在各个图像之间粘贴帧,则产生新图层。

粘贴在所选帧之上(O):将粘贴的帧的内容作为新图层添加到图像中。

粘贴在所选帧之前(B):在目标帧之前添加拷贝的帧。

粘贴在所选帧之后(A):在目标帧之后添加拷贝的帧。

11.3.3 设置过渡帧

过渡帧是在两个已有帧之间自动添加或修改的一系列帧,它可以均匀地变化新帧之间的图层属性(位置、透明度或效果参数),以创建一系列连续的变化效果。必须在两个图层之间才可以创建过渡帧。在动画面板上单击"动画帧过渡"按钮,打开"过渡"对话框(一),如图 11.3.7 所示。

过渡方式(T):确定当前帧与上下帧之间的动画,在其下拉列表中有上一帧和下一帧等选项。

要添加的帧数(F):可在此设置要添加帧的数量。

图层:确定本对话框中的位置用于所有图层还是所选图层。

位置(P):可在起始帧和结束帧处均匀地改变图层内容在新帧中的位置。

不透明度(O):可在起始帧和结束帧处均匀地改变新帧不透明度。

效果(E):可在起始帧和结束帧处均匀地改变图层效果的参数设置。

在动画面板中已经创建了两个动画帧,将第一帧选中,单击"动画帧过渡"按钮,打开如图 11.3.8 所示的"过渡"对话框(二),在其中进行过渡帧的设置。

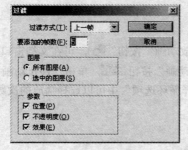

图 11.3.7 "过渡"对话框(一)

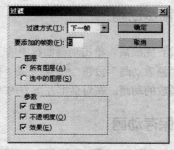

图 11.3.8 "过渡"对话框(二)

单击 确定 按钮，在动画面板中添加了 5 个帧，产生了图像渐变动画，如图 11.3.9 所示。

图 11.3.9　设置过渡动画

11.3.4　设置动画帧延迟时间

设置动画帧的延迟时间可以控制动画运行的速度。延迟的时间以秒为单位显示，分数形式的秒以小数显示。

设置延迟时间的方法是：先选择要设定的帧，然后按住"Shift"键单击最后一帧，动画面板中需要修改延迟时间的帧都被选中，如图 11.3.10 所示。

图 11.3.10　选择连续的帧

在动画面板中，单击帧下面的时间，将弹出其快捷菜单，如图 11.3.11 所示。

图 11.3.11　帧延迟时间菜单

在其中选择需要更正的时间，则所选中的帧延迟时间都更改为所要求的时间，如图 11.3.12 所示。

图 11.3.12　设置帧的延迟时间

11.3.5　预览动画

动画过渡设置完成后，单击动画面板中的"播放动画"按钮 ▶，可在文档窗口观看创建的动画效果。此时"播放动画"按钮 ▶ 会变成"停止动画"按钮 ■，单击"停止动画"按钮 ■，可以停止正在播放的动画。在对话框左下方的"选择循环选项"中可以选择播放的次数。

11.3.6　保存动画

选择 文件(F) → 存储为 Web 和设备所用格式(D)... 命令，弹出"存储为 Web 和设备所用格式"对

话框，如图 11.3.13 所示。在该对话框中的"预设"栏中选择"GIF"格式，单击 存储
按钮，弹出"将优化结果存储为"对话框，在其对话框中设置保存类型为"仅限图像"（GIF），单击
保存(S) 按钮即可将动画保存下来，在看图软件中可以浏览此动画。

图 11.3.13　"存储为 Web 和设备所用格式"对话框

11.4　设置网络图像

对处理的图像进行优化后，可以将其应用到网络上，如果在图片中添加了切片，可以对图像的切
片区域进行进一步的优化设置，并在网络中进行连接和显示切片设置。

11.4.1　创建切片

创建切片可以将整体图片分成若干个小图片，每个小图片都可以被重新优化，创建切片的方式非
常简单，只须使用切片工具 在打开的图像中按照颜色分布使用鼠标在其上方拖动即可创建切片，
如图 11.4.1 所示。

图 11.4.1　创建切片

11.4.2　编辑切片

使用切片选择工具 选中"切片 5"，并在上方双击，弹出"切片选项"对话框，其对话框中的
各选项参数设置如图 11.4.2 所示。设置好参数后，单击 确定 按钮即可完成编辑。

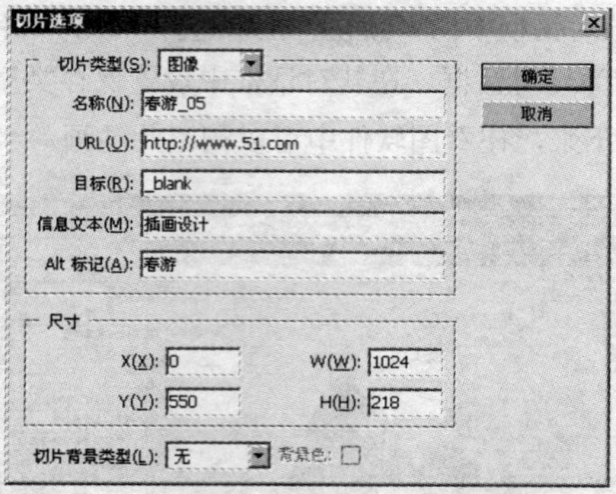

图 11.4.2 "切片选项"对话框

11.4.3 连接到网络

设置完切片参数后，就可以将图像文件连接到网络。其具体的操作方法如下：

（1）选择菜单栏中的 文件(E) → 存储为 Web 和设备所用格式(D)... 命令，弹出"存储为 Web 和设备所用格式"对话框，使用切片选择工具 选择不同切片后，可以在优化设置区域对选择的切片进行优化，将所有切片都设置为 JPEG 格式，如图 11.4.3 所示。

图 11.4.3 "存储为 Web 和设备所用格式"对话框

（2）设置好参数后，单击 存储 按钮，弹出"将优化结果储存为"对话框，设置其对话框参数如图 11.4.4 所示。

图 11.4.4 "将优化结果储存为"对话框

（3）设置好参数后，单击 按钮，在存储的位置中找到保存的"春游"HTML 文件，打开后将鼠标移动到"切片 5"所在的位置上时，可以看到鼠标指针下方和窗口左下角会出现该切片的预设信息，如图 11.4.5 所示。

（4）在"切片 5"的位置单击，就会自动跳转到"51"的主页上，如图 11.4.6 所示。

图 11.4.5　网页

图 11.4.6　"51"主页

11.5　典型实例——绘制邮票

本节综合运用前面所学的知识绘制邮票，最终效果如图 11.5.1 所示。

图 11.5.1　最终效果图

操作步骤

（1）选择菜单栏中的 文件(F) → 新建(N)... 命令，弹出"新建"对话框，设置其参数如图 11.5.2 所示。设置完成后，单击 确定 按钮，创建一个新的图像文件。

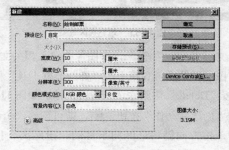

图 11.5.2　"新建"对话框

（2）设置前景色为黑色，按"Alt+Delete"键填充背景图层为黑色。

（3）选择菜单栏中的 文件(F) → 打开(O)... 命令，打开一幅图像文件。

（4）单击工具箱中的"移动工具"按钮 ，将此图像移动到新建图像文件中，自动生成图层1，按"Ctrl+T"键调整图像的大小及位置，如图11.5.3所示。

图 11.5.3 调整后的图像

（5）按住"Ctrl"键的同时单击图层1，载入其选区，选择菜单栏中的 选择(S) → 修改(M) → 扩展(E)... 命令，弹出"扩展选区"对话框，在其对话框中设置 扩展量(E): 为20像素。设置完成后，单击 确定 按钮，扩展后的选区效果如图11.5.4所示。

图 11.5.4 扩展选区效果

（6）新建图层2，设置前景色为白色，按"Alt+Delete"键填充选区，将图层2移至图层1下方，效果如图11.5.5所示。

图 11.5.5 填充选区效果

（7）单击工具箱中的"文字工具"按钮 ，在图像中输入相关文字，如图11.5.6所示。

（8）确认图层2为当前图层，单击工具箱中的"椭圆选框工具"按钮 ，在图像中绘制选区，并将其移至图像的左上角，按"Delete"键删除选区内的图像，如图11.5.7所示。

（9）在动作面板中单击"创建新动作"按钮 ，即可创建一个动作1。

（10）返回到图层面板，按方向键将选区向下移动一段距离，按"Delete"键删除选区内的图像。

图 11.5.6 输入文字效果

（11）返回到动作面板，单击"停止播放/记录"按钮 ▇，再单击几次"播放"按钮 ▶，即可应用刚才录制的动作，效果如图 11.5.8 所示。

图 11.5.7 创建选区并删除选区内的图像　　　　图 11.5.8 录制动作后的效果

（12）根据上面同样的方法，为其他三边也制作如图 11.5.8 所示的效果，按"Ctrl+D"键取消选区，邮票最终效果如图 11.5.1 所示。

本 章 小 结

本章主要介绍了自动化与网络，包括动作、自动化、动画以及设置网络图像等内容。通过本章的学习，读者应学会使用动作与动画制作出简单的动画效果，并能使用自动化工具处理图像，将制作好的作品连接到网站中。

过 关 练 习

一、填空题

1．按住＿＿＿＿＿键的同时单击"动作"名称可以选择多个连续的动作；按住＿＿＿＿＿键的同时单击"动作"名称则可以选择多个不连续的动作。

2．Photoshop CS4 软件提供的＿＿＿＿＿命令可以十分轻松地完成大量的图像处理过程，从而减少工作时间。

3．使用＿＿＿＿＿命令可以将当前选取的图像颜色模式转换成自定颜色模式。

4．动画是在一段时间内显示的＿＿＿＿＿或＿＿＿＿＿。

二、选择题

1. 按快捷键（　）可以打开动作面板。

（A）F10 　　　　　　　　　　　　（B）F8

（C）F9 　　　　　　　　　　　　（D）F7

2. 在动作面板中，单击（　）按钮，可以设置动画过渡帧。

（A）■▶ 　　　　　　　　　　　　（B）↲

（C）▮▶ 　　　　　　　　　　　　（D）°°°

3. 使用（　）命令可以将一次扫描的多幅图像分离出来，是一个非常实用且操作简单的自动化命令。

（A）限制图像 　　　　　　　　　　（B）Photomerge

（C）裁剪并修齐照片 　　　　　　　（D）批处理

4. 在动画面板中，单击（　）按钮，可以复制当前动画帧。

（A）↲ 　　　　　　　　　　　　（B）▶

（C）°°° 　　　　　　　　　　　　（D）🗑

三、简答题

1. 简述如何在 Photoshop CS4 中创建和应用动作。

2. 简述如何创建动画和设置动画帧。

3. 简述如何保存和优化动画。

四、上机操作题

1. 根据本章所学的知识，对打开的多幅图像进行自动化处理。

2. 利用本章所学的内容制作一个简单的动画，并将其连接到百度网站。

第12章 综合实例应用

章前导航

为了更好地了解并掌握 Photoshop CS4 应用，本章列举了一些具有代表性的综合实例。所举实例由浅入深地贯穿本书的知识点，使读者通过本章的学习，能够熟练掌握该软件的强大功能。

本章要点

➡ 卡片设计

➡ 名片设计

➡ 包装盒设计

➡ 宣传页设计

➡ 广告设计

综合实例 1 卡 片 设 计

实例内容

本例将进行卡片设计，最终效果如图 12.1.1 所示。

图 12.1.1 最终效果图

设计思路

在制作过程中，将用到自定形状工具、画笔工具、文本工具、路径选择工具、魔术橡皮擦工具、魔棒工具以及图层样式命令等。

操作步骤

（1）选择 文件(E) → 新建(N)... 命令，弹出"新建"对话框，设置其对话框参数如图 12.1.2 所示。设置好参数后，单击 确定 按钮，即可新建一个图像文件。

（2）单击工具箱中的"渐变工具"按钮，在其工具栏中单击 选项，弹出"渐变编辑器"对话框，单击"前景到背景"按钮，设置前景色为（R：237，G：1，B：29），背景色为（R：120，G：11，B：26），如图 12.1.3 所示。设置好参数后，单击 确定 按钮。

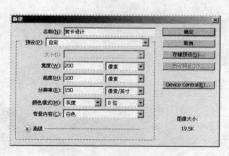

图 12.1.2 "新建"对话框

图 12.1.3 "渐变编辑器"对话框

（3）利用渐变工具由左上角向右下角方向拖动，渐变填充背景图层，效果如图 12.1.4 所示。

（4）单击图层面板底部的"创建新图层"按钮 ，创建一个新图层并将其命名为背景图层，如图 12.1.5 所示。

 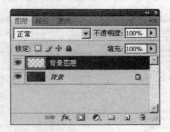

图 12.1.4　渐变效果　　　　　　　　　　图 12.1.5　图层面板

（5）单击工具箱中的"自定形状工具"按钮 ，设置其属性栏参数如图 12.1.6 所示。

图 12.1.6　"自定形状工具"属性栏

（6）将背景图层作为当前可编辑图层，在画布的左上角绘制一个形状，然后单击"路径选择工具"按钮 ，按住快捷键"Alt"移动形状进行均匀复制，让形状布满画布，效果如图 12.1.7 所示。

图 12.1.7　绘制形状

（7）选择 窗口(W) → 路径 命令，打开路径面板，选择路径面板中的"将路径作为选区载入"按钮 ，将自定形状转化为选区。

（8）单击图层面板底部的"锁定透明像素"按钮 ，设置前景色为（R：248，G：240，B：10），按"Alt+Delete"键填充背景图层，并将图层混合模式设为"正片叠加"、不透明度设置为"30%"，效果如图 12.1.8 所示。

图 12.1.8　叠加效果

（9）单击工具箱中的"横排文字工具"按钮 ，设置其属性栏参数如图 12.1.9 所示。设置好参数后，在新建图像中输入"兔年快乐"。

图 12.1.9　"文本工具"属性栏

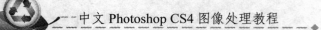

（10）使用鼠标右键单击文字图层，从弹出的快捷菜单中选择 栅格化文字 选项，将文字栅格化。

（11）选择 图层(L) → 图层样式(Y) → 投影(D)... 选项，弹出"投影"对话框，设置其对话框参数如图 12.1.10 所示。然后在对话框左侧选中 内阴影 选项，设置其对话框参数如图 12.1.11 所示。

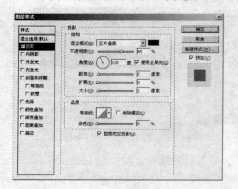

图 12.1.10 "投影"对话框　　　　　　　　　　图 12.1.11 "内阴影"对话框

（12）选中 内发光 选项，设置其对话框参数如图 12.1.12 所示，双击发光颜色 ，在弹出的"拾色器"对话框中设置颜色，如图 12.1.13 所示。

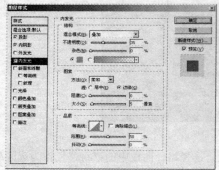

图 12.1.12 "内发光"对话框　　　　　　　　　　图 12.1.13 "拾色器"对话框

（13）选中 斜面和浮雕 选项，设置其对话框参数如图 12.1.14 所示。

（14）选中 渐变叠加 选项，双击渐变条 选项，弹出"渐变叠加"对话框，设置色标 1 颜色为（R：230，G：117，B：7）；色标 2 颜色为（R：249，G：230，B：13），如图 12.1.15 所示。

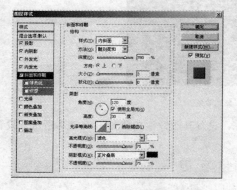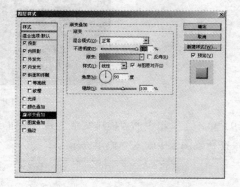

图 12.1.14 "斜面和浮雕"对话框　　　　　　　　图 12.1.15 "渐变叠加"对话框

（15）单击 确定 按钮，得到的文字效果如图 12.1.16 所示。

（16）单击工具箱中的"横排文字工具"按钮 T，在其属性栏中设置好字体与字号后，在新建图像中输入文本"2011"，效果如图 12.1.17 所示。

图 12.1.16　添加图层样式效果

图 12.1.17　文字效果（一）

（17）使用鼠标右键单击"兔年快乐"图层，在弹出的快捷菜单中选择 拷贝图层样式 选项，再使用鼠标右键单击"2011"图层，在弹出的快捷菜单中选择 粘贴图层样式 选项，效果如图 12.1.18 所示。

图 12.1.18　文字效果（二）

（18）单击工具箱中的"横排文字工具"按钮 T，设置其属性栏参数如图 12.1.19 所示。

T | 工 | Arial | Regular | T 20 点 | aa 锐利 | 图 12.1.19　"横排文字工具"属性栏

（19）设置好参数后，在新建图像中输入文本，并对其进行栅格化，然后重复步骤（17）的操作，为文本图层添加图层样式，效果如图 12.1.20 所示。

（20）按"Ctrl+O"键，打开一幅"兔子"的图片，如图 12.1.21 所示。

图 12.1.20　文字效果（三）

图 12.1.21　打开的图片

（21）单击工具箱中的"魔术橡皮擦工具"按钮 ，设置容差值为"35"，选中"连续"复选框，在图片白色区域单击，擦除素材图层的背景，效果如图 12.1.22 所示。

（22）单击工具箱中的"魔棒工具"按钮 ，选中透明背景区域建立选区，选择 选择(S) → 反向(I)

命令反选选区，将"兔子"图像拖曳到新建图像中，并复制"2011"的图层样式到"兔子"图层中，效果如图 12.1.23 所示。

图 12.1.22　擦除背景效果　　　　　　　图 12.1.23　粘贴图层样式

（23）单击工具箱中的"自定形状工具"按钮 ，设置其属性栏参数如图 12.1.24 所示。

图 12.1.24　"自定形状工具"属性栏

（24）设置好参数后，在新建图像中绘制一个形状，并调整其大小及位置，然后单击工具箱中的"渐变工具"按钮 ，双击渐变条 选项，弹出"渐变编辑器"对话框，设置渐变色为橙、黄、橙，如图 12.1.25 所示。

（25）单击 确定 按钮，由上向下拖曳鼠标填充渐变，效果如图 12.1.26 所示。

图 12.1.25　"渐变编辑器"对话框　　　　　图 12.1.26　填充渐变效果

（26）选择菜单栏中的 图层(L) → 复制图层(D)... 命令，弹出"复制图层"对话框，在其对话框中将名称改为"花纹 2"，再选择菜单栏中的 编辑(E) → 变换 → 水平翻转(H) 命令，翻转花纹并调整其位置，最终效果如图 12.1.1 所示。

综合实例2　名 片 设 计

实例内容

本例将进行名片设计，最终效果如图 12.2.1 所示。

图 12.2.1　最终效果图

设计思路

在制作过程中，将用到钢笔工具、文本工具、直线工具、渐变工具、盖印图层以及羽化等命令。

操作步骤

（1）按"Ctrl+N"键，弹出"新建"对话框，设置其对话框参数如图 12.2.2 所示。设置完成后，单击 _____确定_____ 按钮，即可新建一个图像文件。

（2）新建图层 1，单击工具箱中的"矩形选框工具"按钮 ，在新建图像中绘制一个 9.0×5.5cm 的矩形选区，并将其填充为白色。

（3）单击工具箱中的"钢笔工具"按钮 ，在新建图像中绘制一个如图 12.2.3 所示的路径。

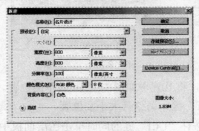

图 12.2.2　"新建"对话框

图 12.2.3　绘制路径

（4）按"Ctrl+Enter"键，将路径转换为选区，效果如图 12.2.4 所示。

（5）单击工具箱中的"渐变工具"按钮 ，在其属性栏中双击 下拉列表，弹出 渐变编辑器 对话框，设置其对话框参数如图 12.2.5 所示。

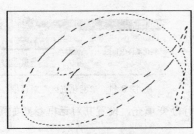

图 12.2.4　将路径转换为选区

图 12.2.5　"渐变编辑器"对话框（一）

（6）设置好参数后，单击 确定 按钮，在新建图像中从左上角向右下角拖曳鼠标填充渐变，按"Ctrl+D"键取消选区，效果如图 12.2.6 所示。

图 12.2.6　渐变填充效果

（7）单击工具箱中的"文本工具"按钮 T ，设置其属性栏参数如图 12.2.7 所示。

图 12.2.7　"文本工具"属性栏

（8）设置好参数后，在新建图像中输入文本"国香茶叶"，效果如图 12.2.8 所示。

（9）按住"Shift"键的同时选中图层 1 和文本图层，然后单击图层面板中的"链接图层"按钮 ，即可链接两个图层，如图 12.2.9 所示。

图 12.2.8　输入文本（一）

图 12.2.9　链接图层

（10）单击工具箱中的"移动工具"按钮 ，将其置于如图 12.2.10 所示的位置。

（11）复制图层 1 为图层 1 副本，按"Ctrl+T"键，调整其大小及位置。

（12）将图层 1 副本作为当前可编辑图层，按住"Ctrl"键的同时单击图层面板中的图层 1 副本缩览图，将其载入选区。

（13）选择 选择(S) → 修改(M) → 羽化(F)... 命令，弹出"羽化选区"对话框，设置其对话框参数如图 12.2.11 所示。设置好参数后，单击 确定 按钮。

图 12.2.10　调整图像大小及位置

图 12.2.11　"羽化选区"对话框

（14）重复步骤（5）和（6）的操作，对其进行渐变填充，设置其对话框参数如图 12.2.12 所示，填充效果如图 12.2.13 所示。

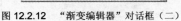

图 12.2.12 "渐变编辑器"对话框（二）

图 12.2.13 填充选区效果

（15）在图层面板中将图层 1 副本拖曳到图层 1 下方，并设置图层面板参数如图 12.2.14 所示，得到的效果如图 12.2.15 所示。

图 12.2.14 图层面板

图 12.2.15 调整图层效果

（16）单击工具箱中的"文本工具"按钮 T，在其属性栏中分别设置字体与字号，输入的效果如图 12.2.16 所示。

（17）重复步骤（16）的操作，在新建图像中输入文本"志"，并使用移动工具将其移至如图 12.2.17 所示的位置。

图 12.2.16 输入文本（二）

图 12.2.17 输入并调整文本位置

（18）重复步骤（16）的操作，在新建图像中输入文本"颖"，效果如图 12.2.18 所示。

（19）重复步骤（16）的操作，在新建图像中输入文本"销售总监"，效果如图 12.2.19 所示。

图 12.2.18 输入文本（三）

图 12.2.19 输入文本（四）

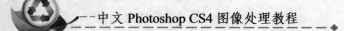
（20）新建图层 2，设置前景色为黑色，单击工具箱中的"直线工具"按钮 ＼，按住"Shift"键，在新建图像中绘制一条垂直直线，效果如图 12.2.20 所示。

（21）新建图层 3，重复步骤（20）的操作，在新建图像中绘制一条红色的水平直线，效果如图 12.2.21 所示。

图 12.2.20　绘制垂直直线　　　　　　　　图 12.2.21　绘制水平直线

（22）复制图层 3 为图层 3 副本，按住"Ctrl"键的同时单击图层面板中的图层 3 副本缩览图，将其载入选区。

（23）设置前景色为灰色，按"Alt+Delete"键，对其进行填充，并调整其大小及位置，效果如图 12.2.22 所示。

图 12.2.22　复制并填充图像颜色

（24）单击工具箱中的"文本工具"按钮 T，设置其属性栏参数如图 12.2.23 所示。

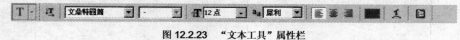

图 12.2.23　"文本工具"属性栏

（25）设置好参数后，在新建图像中输入公司名称，效果如图 12.2.24 所示。

（26）再使用文本工具在新建图像中输入其他文本信息，效果如图 12.2.25 所示。

图 12.2.24　输入公司名称　　　　　　　　图 12.2.25　输入其他信息

（27）按"Ctrl+O"键，打开一幅图像文件，使用移动工具将其拖曳到新建图像中，并调整其大小及位置，效果如图 12.2.26 所示。

（28）重复步骤（27）的操作，在新建图像中拖曳一幅花瓣图像，并设置其图层模式为"正片叠底"，效果如图 12.2.27 所示。

图 12.2.26 复制并调整图像（一）

图 12.2.27 复制并调整图像（二）

（29）按"Alt+Shift+Ctrl+E"键，盖印图层，将其图层重命名为名片。

（30）新建一个图层，将其重命名为背景，单击工具箱中的"渐变工具"按钮，设置其属性栏参数如图 12.2.28 所示。

图 12.2.28 "渐变工具"属性栏

（31）设置好参数后，在新建图像中从中心向右下角拖曳鼠标填充渐变，效果如图 12.2.29 所示。

（32）在图层面板中将名片图层拖曳到背景图层上方，效果如图 12.2.30 所示。

图 12.2.29 渐变填充效果

图 12.2.30 调整图层顺序效果

（33）将名片图层作为当前可编辑图层，在图层面板中双击其缩览图，弹出"图层样式"对话框，设置其对话框参数如图 12.2.31 所示。

（34）设置好参数后，单击 确定 按钮，效果如图 12.2.32 所示。

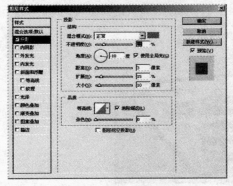

图 12.2.31 "图层样式"对话框

图 12.2.32 添加投影效果

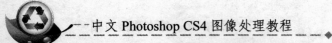
（35）按"Ctrl+T"键，对名片图层进行变换操作，效果如图 12.2.33 所示。

（36）复制名片图层为名片副本图层，重复步骤（35）的操作，对其进行变换操作，效果如图 12.2.34 所示。

图 12.2.33　变换图像效果

图 12.2.34　复制并变换图像（一）

（37）重复步骤（36）的操作，复制并变换图像，效果如图 12.2.35 所示。

图 12.2.35　复制并变换图像（二）

（38）再复制一个名片图层，然后将其移动到图像的右上角，最终效果如图 12.2.1 所示。

综合实例 3　包装盒设计

实例内容

本例将进行包装盒设计，最终效果如图 12.3.1 所示。

图 12.3.1　最终效果图

设计思路

在制作过程中，主要用到钢笔工具、渐变工具、转换点工具、画笔工具、变换命令、描边命令、以及图层样式命令等。

操作步骤

（1）选择 文件(F) → 新建(N)... 命令，弹出"新建"对话框，设置参数如图 12.3.2 所示，单击 确定 按钮，即可新建一个图像文件。

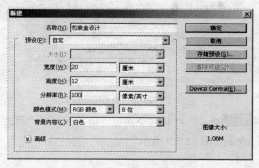

图 12.3.2　"新建"对话框

（2）设置前景色为蓝灰色，背景色为白色，然后单击工具箱中的"渐变工具"按钮，在画面中由上至下填充渐变色，效果如图 12.3.3 所示。

（3）在素材文件夹中打开一幅图片，如图 12.3.4 所示。

图 12.3.3　渐变填充效果

图 12.3.4　打开一幅图片

（4）单击工具箱中的"移动工具"按钮，将图片拖曳到新建图像中。选择 编辑(E) → 变换 → 扭曲(D) 命令，其属性设置如图 12.3.5 所示。

图 12.3.5　扭曲属性栏参数设置

（5）设置完成后按"Enter"键结束操作，扭曲后的图像效果如图 12.3.6 所示。

（6）单击工具箱中的"钢笔工具"按钮，绘制一个如图 12.3.7 所示的路径。

图 12.3.6 扭曲效果图

图 12.3.7 绘制路径（一）

（7）单击工具箱中"转换点工具"按钮 ，调整路径的形状，效果如图 12.3.8 所示。

图 12.3.8 钢笔路径效果

（8）选择 窗口(W) → 路径 命令，打开路径面板，单击面板中"将路径作为选区载入"按钮 ，将钢笔路径转换为选区，效果如图 12.3.9 所示。

图 12.3.9 将路径转换为选区

（9）选择 选择(S) → 反向(I) 命令反选选区，按"Delete"键删除反选的选区，效果如图 12.3.10 所示。

图 12.3.10 删除选区效果图

（10）按"Ctrl+D"键取消选区，新建图层 2，单击工具箱中的"钢笔工具"按钮 ，绘制一个如图 12.3.11 所示的路径。

（11）重复步骤（8）的操作，将路径转化为选区，并将其拖到图层 1 的下方，设置前景色为黄灰色（C：8，M：7，Y：12，K：16），按"Alt+Delete"键填充选区，效果如图 12.3.12 所示。

图 12.3.11 钢笔绘制效果图 　　　　　　图 12.3.12 填充效果图（一）

（12）设置前景色设置为深灰色（C：50，M：40，Y：40，K：10），单击工具箱中的"渐变工具"按钮 ，在其工具栏中单击 选项，弹出 渐变编辑器 对话框，单击"前景色到透明"按钮 ，设置其对话框参数如图 12.3.13 所示，自左向右填充图层 2 的选区，效果如图 12.3.14 所示。

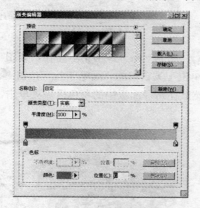

图 12.3.13 "渐变编辑器"对话框 　　　　　　图 12.3.14 填充效果图（二）

（13）新建图层 3，利用钢笔工具绘制路径并转化为选区，如图 12.3.15 所示。设置前景色为土黄色（C：45，M：40，Y：50，K：10），背景色为深灰色（C：60，M：50，Y：50，K：20）。单击工具箱中的"渐变工具"按钮 ，在其工具栏中单击 选项，在 渐变编辑器 对话框中选择"前景到背景"按钮 ，由左至右填充选区，效果如图 12.3.16 所示。

图 12.3.15 绘制路径 　　　　　　图 12.3.16 填充选区（一）

（14）新建图层 4，单击"钢笔工具"按钮 绘制路径，如图 12.3.17 所示，并将其转化为选区，设置前景色为深褐色，按"Alt+Delete"键进行填充，效果如图 12.3.18 所示。

（15）新建图层 5，绘制如图 12.3.19 所示的路径。将路径转化为选区，填充为深褐色，并将图层 5 拖至图层 3 的下方，效果如图 12.3.20 所示。

图 12.3.17 绘制路径（二）

图 12.3.18 填充选区的效果图

图 12.3.19 绘制路径（三）

图 12.3.20 填充选区（二）

（16）新建图层 6，单击"钢笔工具"按钮 ，绘制一条开放的钢笔路径，如图 12.3.21 所示，将其放置在图层 1 的上方，设置前景色为白色。单击工具箱中的"画笔工具"按钮 ，打开路径面板，单击底部的"用画笔描绘路径"按钮 ，然后在路径面板中的灰色区域处单击，将路径隐藏，描绘后的线形效果如图 12.3.22 所示。

图 12.3.21 绘制的开放路径

图 12.3.22 描边效果

（17）在图层面板中单击"添加图层样式"按钮 fx. ，分别为"图层 2""图层 3""图层 5"添加投影效果，设置"图层样式"对话框参数如图 12.3.23 所示。

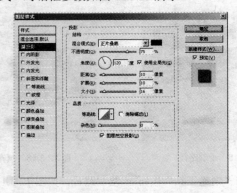

图 12.3.23 "图层样式"对话框

（18）设置完参数后，单击 确定 按钮，为图形添加投影效果，至此，包装盒设计完成，最终效果如图 12.3.1 所示。

综合实例 4　宣传页设计

实例内容

本例将进行化妆品宣传页设计，最终效果如图 12.4.1 所示。

图 12.4.1　最终效果图

设计思路

在制作过程中，将用到椭圆选框工具、直线工具、魔棒工具、渐变工具、钢笔工具、橡皮擦工具、动作面板、矢量蒙版以及将路径转换为选区命令等。

操作步骤

（1）启动 Photoshop CS4 应用程序，按"Ctrl+N"键，弹出"新建"对话框，设置其对话框参数如图 12.4.2 所示，单击 确定 按钮，可新建一个图像文件。

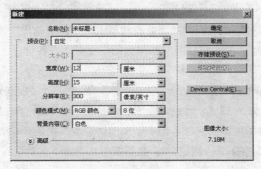

图 12.4.2　"新建"对话框

（2）设置前景色为红色，背景色为黄色，新建图层 1，单击工具箱中的"渐变工具"按钮 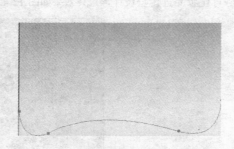，在属性栏中设置参数如图 12.4.3 所示。

图 12.4.3 "渐变工具"属性栏

（3）在图像中从上向下拖动鼠标，填充红色到黄色的渐变，效果如图 12.4.4 所示。

（4）单击工具箱中的"钢笔工具"按钮，在图像中绘制如图 12.4.5 所示的封闭路径。

图 12.4.4 填充渐变

图 12.4.5 绘制路径（一）

（5）在路径面板底部单击"将路径作为选区载入"按钮，可将路径转换为选区，按"Delete"键删除选区内的图像，如图 12.4.6 所示。

（6）按"Ctrl+D"键取消选区，新建图层 2，设置前景色为黄色，单击工具箱中的"直线工具"按钮，在属性栏中设置线的粗细，在图像的右侧拖动鼠标创建直线，如图 12.4.7 所示。

图 12.4.6 删除选区内的图像

图 12.4.7 绘制黄色直线

（7）选择图层 2，打开动作面板，在面板底部单击"创建新动作"按钮，再单击"开始记录"按钮，返回到图层面板，复制图层 2 得到图层 2 副本，按键盘上的方向键"←"10 次，可将直线向左移动 10 像素。

（8）在动作面板底部单击"停止记录"按钮，再单击"播放选定的动作"按钮多次，可执行所做的动作，效果如图 12.4.8 所示。完成后，将图层 2 的所有副本图层合并为图层 2。

（9）选择图层 2，在图层面板底部单击"添加图层蒙版"按钮，可为该图层中的图像添加蒙版，单击工具箱中的"渐变工具"按钮，在图像中从上向下拖动鼠标，可为蒙版填充渐变效果，如图 12.4.9 所示。

图 12.4.8　执行动作操作后的效果　　　　图 12.4.9　为蒙版填充渐变

（10）新建图层 3，设置前景色为白色，单击工具箱中的"画笔工具"按钮，在属性栏中设置画笔的大小与形状，在图像中单击多次，制作白点（即星星）效果，如图 12.4.10 所示。

（11）新建图层 4，单击工具箱中的"椭圆选框工具"按钮，按住"Shift"键的同时在图像中拖动鼠标绘制圆选区，如图 12.4.11 所示。

图 12.4.10　绘制白点效果　　　　　图 12.4.11　绘制圆选区

（12）设置前景色为黄色，按"Alt+Delete"键填充选区，如图 12.4.12 所示。

（13）保持选区状态，按"Ctrl+Alt+D"键弹出"羽化选区"对话框，设置其对话框参数如图 12.4.13 所示，设置完成后，单击 确定 按钮。

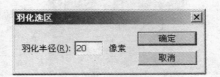

图 12.4.12　填充选区（一）　　　　图 12.4.13　"羽化选区"对话框

（14）在图层面板中的图层 4 下方新建图层 5，设置前景色为黄色，按"Alt+Delete"键填充羽化选区，按"Ctrl+D"键取消选区，如图 12.4.14 所示。

图 12.4.14 填充羽化选区

（15）新建图层 6，单击工具箱中的"套索工具"按钮，在图像中拖动鼠标绘制如图 12.4.15 所示的选区。

（16）设置前景色为（C：20；M：15；Y：90；K：0），按"Alt+Delete"键填充选区，如图 12.4.16 所示。

图 12.4.15 绘制选区　　　　　　　　　图 12.4.16 填充选区（二）

（17）取消选区，将图层 6 的不透明度设置为 60%，按住"Shift"键的同时选择图层 4、图层 5 和图层 6，使用移动工具将所选图层中的图像移至图层的左上角，如图 12.4.17 所示。

（18）单击工具箱中的"钢笔工具"按钮，在图像中拖动鼠标绘制封闭的路径，如图 12.4.18 所示。

图 12.4.17 调整图像的位置　　　　　　图 12.4.18 绘制路径（二）

（19）在路径面板底部单击"将路径作为选区载入"按钮，可将路径转换为选区，新建图层 7，设置前景色为白色，按"Alt+Delete"键填充选区，如图 12.4.19 所示。

（20）取消选区，选择菜单栏中的 图层(L) → 图层样式(Y) → 内阴影(I)... 命令，弹出"图层样式"对话框，设置参数如图 12.4.20 所示。

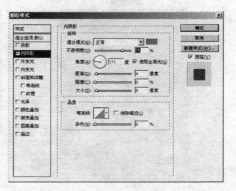

图 12.4.19　填充选区（三）　　　　　　　图 12.4.20　"图层样式"对话框

（21）设置完成后，单击 确定 按钮，为图像添加内阴影效果，如图 12.4.21 所示。

（22）按"Ctrl+O"键打开一幅人物图像文件，使用移动工具将其拖曳到新建图像中，并调整其大小，效果如图 12.4.22 所示。

图 12.4.21　添加内阴影效果　　　　　　　图 12.4.22　移动并调整图像

（23）选择 编辑(E) → 变换 → 水平翻转(H) 命令，对图像进行水平翻转，效果如图 12.4.23 所示。

（24）单击图层面板底部的"添加矢量蒙版"按钮 ，为图像添加蒙版，使用画笔工具在图像中进行涂抹，效果如图 12.4.24 所示。

图 12.4.23　水平翻转图像　　　　　　　图 12.4.24　涂抹效果

（25）打开一幅化妆品图像文件，使用移动工具将其拖曳到新建图像中，并调整其大小及位置，效果如图 12.4.25 所示。

（26）单击工具箱中的"橡皮擦工具"按钮 ，擦除化妆品旁边的盒子，效果如图 12.4.26 所示。

图 12.4.25　导入图像（一）　　　　　　　　图 12.4.26　擦除图像效果

（27）重复步骤（22）的操作，分别导入 4 个化妆品图像文件，并调整人物图像与化妆品的比例，效果如图 12.4.27 所示。

（28）打开如图 12.4.28 所示的图像，单击工具箱中的"魔棒工具"按钮 ，将图中的荷花图片抠出来，并使用移动工具将其拖曳到如图 12.4.29 所示的位置。

图 12.4.27　导入图像（二）　　　　　　　　图 12.4.28　打开的图像文件

（29）在图层面板中将荷花图像的图层拖曳到所有护肤品图层的下方，效果如图 12.4.30 所示。

图 12.4.29　抠出的图像效果　　　　　　　　图 12.4.30　调整图层顺序

（30）单击工具箱中的"横排文字工具"按钮 T ，设置好字体与字号后，在新建图像中输入化妆品的名称。

（31）选择菜单栏中的 图层(L) → 图层样式(Y) → 外发光(O)... 命令，弹出 图层样式 对话框，设置参数如图 12.4.31 所示。

（32）设置好参数后，单击 ___确定___ 按钮，效果如图 12.4.32 所示。

图 12.4.31 "图层样式"对话框

图 12.4.32 应用外发光效果

（33）单击工具箱中的"横排文字工具"按钮 T，设置其属性栏参数如图 12.4.33 所示。

图 12.4.33 "横排文字工具"属性栏

（34）在图像中输入文本"产品特效："，重复步骤（31）的操作，对输入的文本添加外发光效果，如图 12.4.34 所示。

（35）使用横排文字工具 T 在图像中输入产品的特效信息，效果如图 12.4.35 所示。

图 12.4.34 输入文字（一）

图 12.4.35 输入文字（二）

（36）重复步骤（33）～（35）的操作，在图像中输入其他文字信息，并使用移动工具将其移至合适的位置，效果如图 12.4.36 所示。

（37）单击工具箱中的"直排文字工具"按钮 T，在属性栏中设置字体与字号，在图像中输入文字"新品热卖中"，效果如图 12.4.37 所示。

图 12.4.36 输入文字（三）

图 12.4.37 输入文字（四）

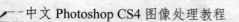

（38）在文字工具属性栏中单击"创建文字变形"按钮 ，弹出 **变形文字** 对话框，设置参数如图 12.4.38 所示。设置好参数后，单击 确定 按钮，文字变形后的效果如图 12.4.39 所示。

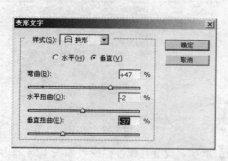

图 12.4.38 "变形文字"对话框

图 12.4.39 应用变形文字效果

（39）选择菜单栏中的 图层(L) → 图层样式(Y) → 渐变叠加(G)... 命令，弹出"图层样式"对话框，设置其参数如图 12.4.40 所示。在"图层样式"对话框左侧选中 ☑ 描边 复选框，设置其对话框参数如图 12.4.41 所示。

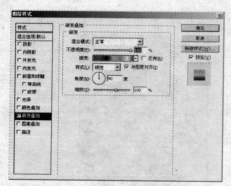

图 12.4.40 设置"渐变叠加"选项

图 12.4.41 设置"描边"选项

（40）设置好参数后，单击 确定 按钮，应用图层样式效果如图 12.4.42 所示。

（41）单击工具箱中的"横排文字工具"按钮 T，在属性栏中设置字体与字号，在图像中输入如图 12.4.43 所示的文字。

图 12.4.42 应用图层样式效果

图 12.4.43 输入文字（五）

（42）单击工具箱中的"自定形状工具"按钮 ，在图像中绘制一个鸽子图形，效果如图 12.4.44 所示。

（43）按"Ctrl+Enter"键将其转换为选区，然后按"Alt+Delete"键将选区填充为白色，效果如图 12.4.45 所示。

图 12.4.44　绘制鸽子　　　　　　　　　　　图 12.4.45　填充图像效果

（44）按"Ctrl+T"键将绘制的鸽子图形旋转一定的角度，并调整其位置，最终效果如图 12.4.1 所示。

综合实例 5　广 告 设 计

实例内容

本例将进行广告设计，最终效果如图 12.5.1 所示。

图 12.5.1　最终效果图

设计思路

在制作过程中，将用到椭圆选框工具、矩形选框工具、钢笔工具、文本工具、仿制图章工具、图层样式命令以及滤镜命令等。

 操作步骤

（1）选择 文件(F) → 新建(N)... 命令，弹出"新建"对话框，背景色设置为深绿色，设置参数如图 12.5.2 所示，设置完成后，单击 确定 按钮，即可新建一个图像文件。

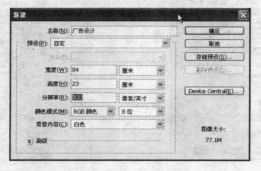

图 12.5.2 "新建"对话框

（2）单击工具箱中的"椭圆选框工具"按钮 ◯，绘制一个椭圆选区，如图 12.5.3 所示。

（3）新建"图层 1"，将前景色设置为浅绿色，按"Alt+Delete"键填充选区，如图 12.5.4 所示。

图 12.5.3 绘制椭圆选区

图 12.5.4 选区填充为浅绿色

（4）选择 滤镜(T) → 模糊 → 高斯模糊... 命令。弹出"高斯模糊"对话框，参数设置如图 12.5.5 所示，设置完成后，单击 确定 按钮，效果如图 12.5.6 所示。

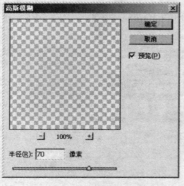

图 12.5.5 "高斯模糊"对话框

图 12.5.6 高斯模糊效果

（5）按"Ctrl+E"键合并可见图层，如图 12.5.7 所示。

（6）新建一个图层，单击"椭圆选框工具"按钮 ◯，绘制一个椭圆，如图 12.5.8 所示。

图 12.5.7　合并图层效果

（7）单击工具箱中的"渐变工具"按钮 ，做浅绿色到深绿色的径向渐变，如图 12.5.9 所示。

图 12.5.8　绘制选区　　　　　　　　　　图 12.5.9　应用渐变填充效果

（8）选择 图层(L) → 图层样式(Y) → 描边(K)... 命令，描边为黄色，效果如图 12.5.10 所示。

（9）单击工具箱中的"文字工具"按钮 T，在图像中输入文字，并在属性栏中设置其字体和字号，做金黄色到黑色的渐变，效果如图 12.5.11 所示。

图 12.5.10　应用描边效果　　　　　　　　图 12.5.11　输入文字（一）

（10）单击"文字工具"按钮 T，在图像中输入文字，并在属性栏中设置其字体和字号，效果如图 12.5.12 所示。

（11）单击"文字工具"按钮 T，在图像中输入文字，并在属性栏中设置其字体和字号，效果如图 12.5.13 所示。

图 12.5.12　文字效果图　　　　　　　　　图 12.5.13　输入文字（二）

（12）选择 图层(L) → 图层样式(Y) → 描边(K)... 命令，弹出"图层样式"对话框，设置其对话框参数如图 12.5.14 所示。

（13）选中"图层样式"对话框左侧的 ☑渐变叠加 选项，设置其对话框参数如图 12.5.15 所示。

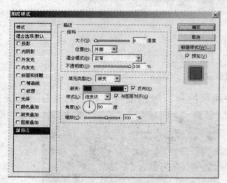

图 12.5.14 "描边"选项设置　　　　　　　　　图 12.5.15 "渐变叠加"选项设置

（14）设置好参数后，单击 确定 按钮，效果如图 12.5.16 所示。

（15）单击工具箱中的"文本工具"按钮 T，在其属性栏中设置好参数后，在图像中输入文字，然后选择 图层(L) → 图层样式(Y) → 投影(D)... 命令，弹出"图层样式"对话框，设置其对话框参数如图 12.5.17 所示。

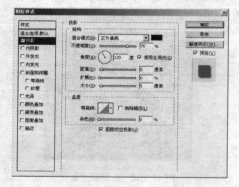

图 12.5.16 添加图层样式效果　　　　　　　　图 12.5.17 "投影"选项设置

（16）设置好参数后，单击 确定 按钮，效果如图 12.5.18 所示。

（17）新建一个图像文件，单击工具箱中的"钢笔工具"按钮 ，绘制一个对象，按"Ctrl+Enter"键载入选区，如图 12.5.19 所示。

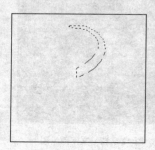

图 12.5.18 添加投影效果　　　　　　　　　图 12.5.19 载入选区

（18）新建一个图层，将选区填充为暗红色，效果如图 12.5.20 所示。

（19）复制该图层并调整图像的位置，效果如图 12.5.21 所示。

图 12.5.20 填充颜色

图 12.5.21 复制并调整图像

（20）单击工具箱中的"矩形选框工具"按钮，绘制一个菱形，将其填充为暗红色，效果如图 12.5.22 所示。

（21）单击工具箱中的"移动工具"按钮，将绘制的图像拖曳到新建图像中，自动生成新的图层，并调整其大小及位置，效果如图 12.5.23 所示。

图 12.5.22 绘制菱形

图 12.5.23 移动并调整图像

（22）单击工具箱中的"文字工具"按钮 T，在其属性栏中设置好字体与字号后，在新建图像中输入文字，效果如图 12.5.24 所示。

（23）调整各图像的大小及位置，然后合并图层，效果如图 12.5.25 所示。

图 12.5.24 输入文字（三）

图 12.5.25 合并图层

（24）新建图层，选择"矩形选框工具"按钮，在图像中绘制矩形选区，并做深绿色到浅绿色再到深绿色的渐变，效果如图 12.5.26 所示。

（25）选择 编辑(E) → 变换 → 斜切(K) 命令，调整图像效果如图 12.5.27 所示。

（26）新建一个图层，单击工具箱中的"椭圆选框工具"按钮，绘制一个椭圆选区，效果如图 12.5.28 所示。

图 12.5.26　渐变填充效果（一）

图 12.5.27　调整图像

（27）在"椭圆选框工具"属性栏选择"从选区中减去"按钮，再绘制一个椭圆选区，并对其进行渐变填充，效果如图 12.5.29 所示。

图 12.5.28　绘制椭圆选区

图 12.5.29　渐变填充效果（二）

（28）在图层面板中合并除背景层以外的其他图层。

（29）新建一个图层，设置前景色为黑色，单击工具箱中的"自定形状工具"按钮，绘制一个环形，效果如图 12.5.30 所示。

（30）单击该图层，选择 图层(L) → 图层样式(Y) → 斜面和浮雕(B)... 命令，对绘制的环形添加斜面和浮雕效果。

（31）复制一个环形副本，并使用移动工具将其移至适当的位置，效果如图 12.5.31 所示。

图 12.5.30　绘制一个环形

图 12.5.31　复制并移动环形

（32）新建图层，单击工具箱中的"画笔工具"按钮，绘制一条曲线，效果如图 12.5.32 所示。

（33）选中该图层，选择 图层(L) → 图层样式(Y) → 投影(D)... 命令，对绘制的曲线添加投影效果，如图 12.5.33 所示。

图 12.5.32　绘制曲线

图 12.5.33　添加投影效果

（34）合并除背景层以外的其他图层，然后复制合并后的图层，并按"Ctrl+T"键，对其进行变换操作，效果如图 12.5.34 所示。

（35）按"Ctrl+O"键，打开一幅图像文件，使用移动工具将其拖曳到新建图像中，并在图层面板中将其移至合并图层的下方，效果如图 12.5.35 所示。

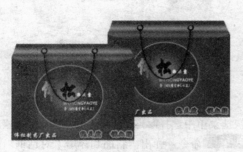

图 12.5.34　复制并调整图像

图 12.5.35　调整图层顺序效果

（36）选中合并后的图层，单击图层面板底部的"添加图层样式"按钮 ，分别为图层添加投影、斜面和浮雕效果，设置其对话框参数如图 12.5.36 所示。

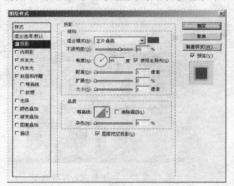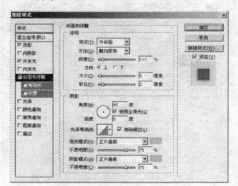

图 12.5.36　"投影"和"斜面和浮雕"选项设置

（37）设置好参数后，单击 确定 按钮，效果如图 12.5.37 所示。

（38）按"Ctrl+Shift+Alt+E"键盖印图层，然后对盖印后的图层进行变换操作，效果如图 12.5.38 所示。

图 12.5.37　添加图层样式效果

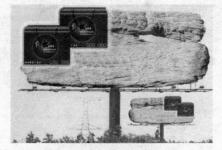

图 12.5.38　变换图像效果

（39）单击工具箱中的"仿制图章工具"按钮 ，修补图像右下角的小草图像，效果如图 12.5.39 所示。

（40）单击工具箱中的"文字工具"按钮 T，在其属性栏中设置好字体与字号后，在新建图像中输入文字，效果如图 12.5.40 所示。

图 12.5.39　修复图像效果

图 12.5.40　输入文字（四）

（41）使用鼠标右键单击文字图层，从弹出的快捷菜单中选择 栅格化文字 选项，将文字栅格化。

（42）选择 图层(L) → 图层样式(Y) → 斜面和浮雕(B)... 命令，弹出"斜面和浮雕"对话框，设置其对话框参数如图 12.5.41 所示。

（43）设置好参数后，单击 确定 按钮，效果如图 12.5.42 所示。

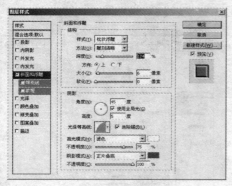

图 12.5.41　"斜面和浮雕"选项设置

图 12.5.42　应用斜面和浮雕效果

（44）复制一个文字图层，按"Ctrl+T"键，调整文字图像的大小及位置，最终效果如图 12.5.1 所示。